மனிதனா, இயந்திரமா:
வெல்லப்போவது யார்?

மனிதனா, இயந்திரமா: வெல்லப்போவது யார்?
செயற்கை நுண்ணறிவு – ஓர் அறிமுகம்

பெ. சசிக்குமார் (பி. 1981)

இஸ்ரோவில் விஞ்ஞானியாகப் பணிபுரிந்து வருகிறார். ஆங்கிலத்திலும் தமிழிலும் 20க்கும் மேற்பட்ட அறிவியல் புத்தகங்களை எழுதியுள்ளார். இவருடைய ஒவ்வொரு புத்தகமும் வேறு வேறு கோணத்தில் நம்மைச் சுற்றி நடக்கும் அன்றாட நிகழ்வுகளின் அறிவியலை விளக்கு கிறது. சிக்கலான அறிவியல் கருத்துக்களை எளிமையாக விளக்குவதுதான் இவரது எழுத்தின் தனிச்சிறப்பு. வீட்டிலிருந்து விண்வெளி வரை பல அறிவியல் செய்திகளை அதன் வரலாற்றுடன் இவரது புத்தகங்களில் காணலாம்.

மின்னஞ்சல்: *writersasibooks@gmail.com*

பெ. சசிக்குமார்

மனிதனா, இயந்திரமா: வெல்லப்போவது யார்?
செயற்கை நுண்ணறிவு – ஓர் அறிமுகம்

மனிதனா, இயந்திரமா:
வெல்லப்போவது யார்?
செயற்கை நுண்ணறிவு –
ஓர் அறிமுகம்
அறிவியல்
ஆசிரியர்: பெ. சசிக்குமார்

© பெ. சசிக்குமார்

முதல் பதிப்பு: அக்டோபர் 2023

வல்லமை / காலச்சுவடு
669, கே.பி. சாலை
நாகர்கோவில் 629001

manitanaa, iyantiramaa:
vellappoovatu yaar?
ceyaRkai nuNNaRivu - oor aRimukam

Science
Author: P. Sasikumar

© P. Sasikumar

Vallamai /
Kalachuvadu Publications Pvt. Ltd.,
669, K.P. Road
Nagercoil 629001
India

T.: 91-4652-278525
E.: vallamaibooks@gmail.com
ISBN: 978-81-19034-44-4

Language: Tamil
First Edition: October 2023,
Second Edition: November 2023
Pages : 104
Size: Demy 1 x 8
Paper: 18.6 kg maplitho

Printed at Mani Offset,
Chennai 600077

11/2023/S.No. 7, V 8, 18.6 (2) 9ss

வல்லமை
இது ஒரு காலச்சுவடு பதிவீடு

Vallamai
an imprint of Kalachuvadu Publications

காலம் தாழ்த்தாது செய்ய வேண்டிய வேலையை எவ்வளவு விரைவாக முடிக்க வேண்டும் என்று எனக்குத் தனது செயல்கள் மூலம் புரியவைத்தவர்.

எனது முனைவர் பட்ட ஆய்விற்கு வழிகாட்டியாக இருந்தவர்.

பேராசிரியர் சயன் குப்தா அவர்களுக்கு

பொருளடக்கம்

அணிந்துரை	11
ஆசிரியர் உரை	15
செயற்கை நுண்ணறிவு – ஓர் அறிமுகம்	17
நிகழ்தகவு	22
தரவுகளின் முக்கியத்துவம்	30
எப்படி வேலை செய்கிறது	37
வகைப்பாடுகள்	51
பயன்பாடுகள்	59
2050 எப்படி இருக்கலாம்	71
நன்மையும் தீமையும்	84
எந்த வேலைக்கு ஆபத்து	90
எதிர்கால முன்னேற்றங்கள்	98
என்ன படிக்க வேண்டும்	101

அணிந்துரை

செயற்கை நுண்ணறிவு என்ற கருத்து இன்று அனைவரிடமும் ஒரே சமயத்தில் ஆர்வத்தையும் அச்சத்தையும் ஏற்படுத்துகிறது. இத்துறை குறித்து எளிய முறையில் தமிழில் எழுதியுள்ள சசிக்குமாருக்கு மிக்க நன்றி; வாழ்த்துக்கள்.

நீராவியால் இயங்கும் இயந்திரங்கள் உருவான காலகட்டத்தை முதல் தொழில் புரட்சி என்கிறார்கள். அதன் பின்னர் மின்சாரத்திலும் பெட்ரோலியப் பொருள்களிலும் இயங்கும் இயந்திரங்களின் வருகையை இரண்டாம் தொழில் நுட்பப் புரட்சி என்றும் மின்னணுக் கருவிகள், கணினி, தகவல் தொழில் நுட்பப் புரட்சியை மூன்றாம் தொழில்நுட்பப் புரட்சி எனவும் கூறுகிறார்கள். அதன் தொடர்ச்சியாக இன்று செயற்கை நுண்ணறிவு சார்ந்து உருவாகிவரும் தொழில்நுட்பங்களை நான்காவது தொழில் புரட்சியெனக் கூறுகின்றனர்.

எல்லாத் தொழில் நுட்பப் புரட்சிகளும் சமூகத்தைப் புரட்டிப்போட்டன. மனித நாகரிகத்தின் தோற்றம் எனக்கொள்ளும் விவசாயத்தை எடுத்துக்கொள்வோம். சுமார் 12,000 ஆண்டுகளுக்கு முன்னர் மனித குலம் விவசாயத் தொழில்நுட்பத்தைக் கண்டுபிடித்தது. அதன் பின்னர் ஒவ்வொரு சமூகத்திலும் கணிசமான மக்கள் விவசாயத்தில் ஈடுபட்டு வந்தனர். பல ஆயிரம் ஆண்டுகள் தொடர்ந்த இந்த நிலை தொழில்புரட்சியின்போது மாறியது.

முதல் தொழில்நுட்பப் புரட்சியின்போதுதான் கிராமங்களில் விவசாயத்தில் ஈடுபட்டுவந்த மக்கள் பெருமளவில் நகரங்களுக்குக் குடிபெயர்ந்து பெரும்

நகரங்கள் உருவாயின. நகரங்களில் கூலித் தொழிலாளர்களாகப் பணிசெய்தனர். இதன் தொடர்ச்சியாக விவசாயத்தில் ஈடுபடும் தொழிலாளர்களின் பங்கு குறைந்துகொண்டே வந்து தொழில்துறையிலும் சேவைத் துறையிலும் பணிபுரிபவர்களின் எண்ணிக்கை கூடிக்கொண்டே வந்தது.

எடுத்துக்காட்டாக பிரான்சில் 1400இல் மொத்த வேலை செய்யும் நபர்களில் 71% விவசாயத்தில் ஈடுபட்டுவந்தனர். 2020இல் வெறும் 2.5% மட்டுமே விவசாயத்தில் ஈடுபடுகின்றனர். ஐரோப்பாவில் விவசாயப் பொருளாதாரம் என அறியப்படும் போலந்தில் 1400இல் 76% விவசாயத்தில் ஈடுபட்டுவந்தனர். 2020இல் வெறும் 9.6% மட்டுமே. இந்தியாவில் 2004−05ஆம் ஆண்டில் 58.5% தொழிலாளர்கள் விவசாயத்தில் ஈடுபட்டு வந்தனர். இது 2021−22இல் 45.5% ஆகக் குறைந்துபோனது. தமிழ்நாட்டில் தற்போது மொத்தத் தொழிலாளர்களில் 37% தொழில்துறையிலும் 35.3% சேவைத் துறையிலும் 27.6% மட்டுமே விவசாயத்திலும் ஈடுபட்டுவருகின்றனர்.

நான்காம் தொழில்நுட்பப் புரட்சியில் எந்தெந்த வேலைகள் நிலைக்கும், எவை மங்கி மறைந்துபோகும் என்பதைத் தீர்க்கமாகக் கணிக்க இயலாது. நான்காம் தொழில்நுட்பப் புரட்சியில் உருவாகும் புதுவித உற்பத்தி முறைகள் தொழில் துறையிலிருந்து பலரை நீக்கிவிடும். விவசாயத்திலிருந்தும் பலர் அகன்றுவிடுவார்கள். சேவைத் துறையில் பணிகளின் எண்ணிக்கை அதிகரிக்கும். எனினும் நேற்றுப்போலவே நாளை இருக்காது என நிபுணர்கள் மதிப்பீடு செய்கின்றனர்.

நிலவுடமைப் பொருளாதரத்தில் விவசாயத்தில் ஈடுபட்டவர்கள் எப்போதும் பண்ணையாரின் பணியில் இருக்க வேண்டும். சூரிய உதயம்முதல் மறையும்வரை களத்தில் வேலை செய்ய வேண்டும். நிலப்பிரபு−பண்ணையார் கூறுவதை ஏற்று, பண்ணையாரின் வீட்டு வேலை உட்பட எல்லா வேலைகளையும் செய்ய வேண்டும். இப்படிப்பட்ட நிலைதான் அன்று இருந்தது. தொழில்புரட்சி தொடங்கியபோது அதுவரை நிலவிய அதே வேலை நிலை தொடர்ந்தது. அதன் பின்னர்தான் எட்டு மணிநேர வேலை என்னும் போராட்டம் வெடித்தது. இந்தப் போராட்டங் களின் தொடர்ச்சியாக வரையறை செய்யப்பட்ட வேலை நேரம், விடுமுறை போன்ற பல்வேறு வசதிகள் தொழிலாளர்களுக்குக் கிடைத்தன.

நான்காம் தொழில்புரட்சி 'வேலை' என்று வரையறை செய்வதில் பெரும் மாற்றத்தைக் கொண்டுவரும் என்கிறார்கள். 'அலுவலகம்' என ஒன்று இருக்காது; 'வேலை நேரம்'

எல்லோருக்கும் பொதுவாக இருக்காது. வீட்டில் இருந்தபடியே வேலைசெய்யும் நிலை வளரும் என்றெல்லாம் கணிக்கிறார்கள். இந்த மாற்றங்களின் தாக்கம் அடித்தட்டு மக்களின் வாழ்வில் என்ன விளைவுகளை ஏற்படுத்தும்? இது நம் முன்னால் உள்ள முக்கியக் கேள்வி.

ஒரு காலத்தில் மொத்தத் தொழிலாளர்களில் மூன்றில் இரண்டு பகுதியினரைக்கொண்டு விவசாயம் நடந்தது. இன்று ஐரோப்பாவில் வெறும் இரண்டு மூன்று சதவிகிதத் தொழிலாளர்களைக்கொண்டு நடத்தும் அளவுக்கு உற்பத்தித் திறன் உயர்ந்துள்ளது. அதேபோலத் தொழில்துறை, சேவைத் துறை ஆகியவற்றில் ஏற்படும் உற்பத்தித் திறன் அதிகரிப்பின் தொடர்ச்சியாக வெறும் சில சதவிகிதத் தொழிலாளர்களைக் கொண்டு தேவையான மொத்த உற்பத்தியைச் செய்துவிட முடியும். ஒவ்வொரு தொழிலாளரும் எட்டு மணிநேரம் வேலை செய்ய வேண்டியது இல்லை.

இதுகுறித்து அச்சப்பட வேண்டுமா அல்லது மனித குலம் சலிப்பூட்டும் வேலைகளிலிருந்து விடுதலை பெற்றுப் படைப்பாக்க வேலைகளில் ஈடுபடும் வாய்ப்பாகக் கருத வேண்டுமா? இது அனைவருக்கும் கிடைக்கும்படியான சமூகத்தை உருவாக்கும் வாய்ப்பு என மகிழ்ச்சிகொள்ள வேண்டுமா?

நாம் என்ன செய்யப்போகிறோம் என்பதில்தான் இந்தக் கேள்விகளுக்கு விடை உள்ளது. நாம் விழிப்போடு இல்லை என்றால் அடித்தட்டு மக்களின் வாழ்வில் அவலம் ஏற்படும். நாம் நினைத்தால் இதை வாய்ப்பாகப் பயன்படுத்தி வளமான சமூகத்தை உருவாக்க முடியும். இதன் தொடர்ச்சியாகத்தான் சர்வதேசப் பொருளாதார அமைப்பு (World Economic Forum) இதுகுறித்துப் பேசும்போது வயதுவந்த அனைவருக்கும் அடிப்படை ஊதியம் எனும் கருத்தை வலியுறுத்துகிறது.

கால ஓட்டத்தைத் தடுத்து நிறுத்த முடியாது. அதுபோல இந்தத் தொழில்நுட்பம் வளர்வதைத் தடுக்க முடியாது. எனினும் நம் கைகள் கட்டப்பட்டு ஏதும் செய்ய முடியாத கையறு நிலையில் இல்லை. தொழில்நுட்பம் பல சாத்தியக் கூறுகளை நம் முன் வைக்கும். அதில் எது நடைமுறைக்கு வருகிறது என்பது நாம் மேற்கொள்ளும் சமூக நீதிக்கான போராட்டங்களின் தேர்வு, முயற்சி, முனைப்பு முதலியவற்றில் அடங்கியுள்ளது.

செயற்கை நுண்ணறிவு நன்மையா, தீமையா எனப் பட்டிமன்றம் நடத்தும் வேளையில், "கடின மனித உழைப்புப் படிப்படியாகக் குறைந்து தேவையானவற்றைக் கருவிகளால்

உற்பத்தி செய்துகொள்ளும் நிலை நன்மையா, தீமையா இதற்கான பதில் கருவிகள் மூலம் அதிகப்படியாக உற்பத்தி செய்யப்படும் பொருட்கள் நாம் எப்படிப் பகிர்ந்துகொள்கிறோம் என்பதோடு தொடர்புடையது" என்கிறார் பிரபல விஞ்ஞானி ஸ்டீபன் ஹாக்கிங்.

மேலும் "விஞ்ஞான வளர்ச்சி உச்சம் அடைந்து மனிதனுடைய அனைத்து வேலைகளையும் எந்திரங்கள் செய்யும் நிலை வந்துவிட்டால், மனிதர்களுக்கு இரண்டு வழிகள்தான் உள்ளன. ஒன்று, எந்திரங்கள் உற்பத்தி செய்யும் வளங்களை அனைவரும் சமமாகப் பகிர்ந்துகொண்டு அனைவரும் மகிழ்ச்சியாக வாழலாம். அல்லது எந்திரங்களைத் தனது உடைமையாக வைத்துள்ள முதலாளிகளின் சுரண்டலால் மக்கள் அவதியுறலாம். தற்போதைய நிலை இரண்டாவது கூறிய நிலைதான்" என்று ஸ்டீபன் ஹாக்கிங் எச்சரிக்கை செய்வதையும் நினைவில் கொள்ளுதல் அவசியம்.

நாம் தெரிவு செய்ய வேண்டும் என்றால் நமக்கு அந்தத் துறை குறித்து ஓரளவு அறிவாவது இருக்க வேண்டும். வளர்ந்து வரும் செயற்கை நுண்ணறிவுத் தொழில்நுட்பத்தைக் குறித்து நமக்கு அடிப்படை அறிமுகத்தைத் தருகிறது இந்த நூல்.

செயற்கை நுண்ணறிவு என்றால் என்ன? இந்தத் துறையில் இன்று மேலோங்கியுள்ள நுட்பங்கள் என்னென்ன? இதன் சாதக பாதகங்கள் என்ன? இந்தத் துறையில் மேல் படிப்பு படிக்க நாம் என்ன செய்ய வேண்டும் என அனைத்து அம்சங்களையும் குறித்து இந்த நூல் எழுதப்பட்டுள்ளது. படிக்கும் மாணவர்களுக்கும் வெகுஜன மக்களுக்கும் செயற்கை நுண்ணறிவு குறித்த சந்தேகங்களுக்கு விடை சொல்லும் வகையில் எழுதப்பட்டிருக்கிறது.

நான்காம் தொழில்புரட்சி நடைபெற்றுக்கொண்டிருக்கும் இந்தக் காலகட்டத்தில் நமக்கு இந்த நூல் பெரும் வரப்பிரசாதம். இதைத் தெளிவாகப் புரியும்படியாகத் தமிழில் எழுதி நமக்குக் கொடைசெய்துள்ள நண்பர் சசிக்குமாருக்குத் தமிழ்ச் சமூகம் நன்றிக்கடன்பட்டுள்ளது.

த.வி. வெங்கடேஸ்வரன்
முதுநிலை விஞ்ஞானி,
விக்யான் பிரச்சார், புது தில்லி.

ஆசிரியர் உரை

மனிதன் எப்படிச் சிந்திக்கிறானோ அதுபோல் சிந்திக்கக்கூடிய இயந்திரங்களை உருவாக்கும் முயற்சிகள் பல ஆண்டுகளாக நடைபெற்று வருகின்றன. ஒவ்வொரு துறையிலும் சிறு சிறு அளவில் இதன் முன்னேற்றம் நடந்துகொண்டுதான் இருக்கிறது. இருந்தாலும் 2022ஆம் ஆண்டு நவம்பர் மாதம் வெளியிடப்பட்ட சாட்-ஜிபிடி (Chat-GPT, Generative Pre-Trained Transformer) என்ற செயற்கை நுண்ணறிவால் பதில் அளிக்கும் செயலி வந்தவுடன் அனைவரும் ஆச்சரியத்தில் மூழ்கியுள்ளனர்.

எங்கு பார்த்தாலும் இதன் பேச்சுத்தான். எல்லோருக்கும் வேலை போய்விடும் என்று விவாதிக்கும் அளவிற்கு இதன் தாக்கம் இருக்கிறது. இந்த நேரத்தில் இந்தத் துறையைப் பற்றி முழுவதுமாக அறிந்துகொள்ள ஒரு கையேடு அனைவருக்கும் அவசியம். செயற்கை நுண்ணறிவு எப்படி வேலைசெய்கிறது, அதன் முடிவுகளுக்குத் தரவுகளும் அதற்குக் கொடுக்கப்படும் கோட்பாடு களும் எவ்வளவு முக்கியம், எந்தெந்தத் துறையில் இது கோலோச்சும், இதை நண்பராக மாற்றிக் கொள்வது எப்படி, அன்றாட வாழ்க்கையில் நமக்குத் தெரியாமல் இந்தத் துறை நமக்கு எப்படிப் பயன்படுகிறது என்று பல கோணங்களில் இந்தத் தொழில் நுட்பத்தை அலசுவதுதான் இந்நூல். இத்தொழில் நுட்பத்தைப் புரிந்துகொள்ள இந்த நூல் முதல் படிதான். நமது புரிதல் அதிகரிக்கும்போது மேலும் விரிவான தகவல்களுடன் இந்தத்

தொழில்நுட்பத்தை அறிந்துகொள்ள வேண்டிய கட்டாயத்தில் மனித குலம் இருக்கும்.

புத்தகத்தின் முதல் வரைவைப் படித்துப் பார்த்து அதில் உள்ள நிறைகுறைகளைச் சுட்டிக்காட்டிய லோகேஷ், நண்பர் மகேந்திரவர்மன் ஆகியோருக்கு எனது மனமார்ந்த நன்றி. புத்தகத்தை மெருகூட்ட அறிவுரைகள் வழங்கிய அலுவலக நண்பர்கள் வெங்கடேஸ்வரன், உமாசங்கரி, துரைராஜ், முத்து கணபதி ஆகியோருக்கும் மனமார்ந்த நன்றிகளைத் தெரிவித்துக் கொள்கிறேன்.

பல கட்டங்களாக உருவான இந்தப் புத்தகத்தை ஆற அமர படித்துப் பார்த்துக் குறைகளைச் சுட்டிக்காட்டிய எனது துணைவியார் ஜோதிமணி, மகன் அபிநவ் ஆகியோருக்கும் மனமார்ந்த நன்றியைத் தெரிவித்துக்கொள்கிறேன்.

எனது அறிவியல் எழுத்துக்களைப் படித்து ஊக்கம் அளிப்பதில் நண்பர் த.வி. வெங்கடேஸ்வரனுக்குத் தனி இடம் உண்டு. இந்த முறையும் படித்துப் பார்த்து அதன் நிறை குறை களைச் சுட்டிக்காட்டியதோடு நல்லதொரு அணிந்துரையை வழங்கிப் புத்தகத்திற்குப் பெருமை சேர்த்துள்ளார். அவருடைய தொடர் ஊக்குவிப்புகள் புத்தகம் நன்றாக வருவதற்கு உதவின என்றால் அது மிகையல்ல.

காலத்தின் தேவை கருதி இந்த நூலை வெளியிட முனைந்த காலச்சுவடு பதிப்பாளருக்கு மனமார்ந்த நன்றிகளைத் தெரிவித்துக்கொள்கிறேன்.

திருவனந்தபுரம்
ஜூலை, *2023*

பெ. சசிக்குமார்.

1

செயற்கை நுண்ணறிவு - ஓர் அறிமுகம்

எங்கு பார்த்தாலும் செயற்கை நுண்ணறிவு எனப்படும் *Artificial Intelligence* வந்துவிடும் மனித வாழ்க்கையின் தரமே மாறிவிடும் சிலருக்கு வேலை போய்விடும் என்ற பேச்சைக் கடந்த சில மாதங் களாகக் கேட்கிறேன். கல்லூரியில் உரையாற்றும் பேச்சாளர்கள் முதல் சினிமா பிரபலங்கள்வரை இங்கொன்றும் அங்கொன்றுமாகத் தினமும் யாராவது ஒருவர் இதைப்பற்றிப் பேசிக்கொண்டே இருக்கிறார்கள். இந்தத் துறையில் எனது மகன், மகள் வேலைசெய்ய வேண்டும். அதற்கு என்ன படிக்க வேண்டும் என்று பெற்றோர்களும் ஆவலாகக் கேட்கத் தொடங்கிவிட்டனர். இப்படி மனித குலத்தின் எதிர்காலத்தை மாற்ற இருக்கும் செயற்கை நுண்ணறிவை குறித்துத்தான் இந்தப் புத்தகத்தில் அலசப் போகிறோம்.

அது என்ன செயற்கை நுண்ணறிவு? முதலில் அறிவு என்றால் என்ன என்று பார்ப்போம். ஏதாவது வேலையைத் தவறாகச் செய்துவிட்டால் நமது பெற்றோரிடமிருந்து ஏதாவது அறிவு இருக்கிறதா உனக்கு என்றுதான் நமக்குத் திட்டு கிடைக்கும்.

இதற்கு அடுத்தக் கட்டம் நுண்ணறிவு (*Intelligence*). அறிவு மேலோட்டமானது. ஆனால்

நுண்ணறிவு ஆழமானது. நுண் என்ற வார்த்தைக்கு நுண்ணிய என்று பொருள்படும். எந்த ஒரு பிரச்சினையையும் அலசி ஆராய்ந்து அதற்கான தீர்வுகளைக் கண்டறியக்கூடிய திறமையை ஒருவர் பெற்றிருந்தால், அவர் அந்தத் துறையில் நுண்ணறிவு உடையவர் என்று பாராட்டுகிறோம். இதில் எந்தத் துறையில் இருக்கிறார், எந்தப் பிரச்சினையைச் சந்திக்கிறார் என்பதைப் பொறுத்து அவர் எப்படித் திட்டமிடுகிறார், அதற்கான தீர்வை எப்படிக் காண்கிறார், ஒரே சூழ்நிலைக்கு அவருடைய கருத்துக்கள் எப்படி வேறுபடுகின்றன, முன்பு கற்றுக்கொண்ட செய்திகளை அதாவது அனுபவத்தின் மூலமாக அறிந்ததை எப்படிப் பயன்படுத்துகிறார், கற்றதைத் தேவைப்பட்ட பொழுது எப்படிப் பயன்படுத்திச் சிறந்த முறையில் தீர்வு காண்கிறார் என்ற பல அடிப்படைக் கூறுகளை இங்கே கவனிக்க முடியும்.

இயற்கையாக மனிதன், தாவரங்கள், மற்ற விலங்கினங்களுக்கு நுண்ணறிவு இருக்கிறது. எங்கே தேன்கூடு கட்டி இருக்கிறது என்பதைக் கரடி கண்டறிகிறது. தேன் எந்தப் பூவில் கிடைக்கும் என்பதைத் தேனீ கண்டறிகிறது. தான் சேமிக்கும் தேனை சேர்த்து வைக்க மிகக் குறைந்த எடையில் கட்டப்பட்ட கூட்டில் அதிகத் தேனை சேர்த்து வைக்கும் வகையில் அறுங்கோண வடிவத்தில் அமைக்கிறது தேனீ. சிறிய பூச்சிகளை உணவாக உண்ணும் தாவரங்கள். அதற்காக அவற்றைப் பிடிக்கும் அமைப்பைக் கொண்டுள்ள தாவரங்கள், கடுமையான கோடையில் நீரை இழக்காமல் இருக்கத் தேவையான இலை வடிவமைப்பைக் கொண்டுள்ள தாவரங்கள் என ஒவ்வொன்றையும் இந்த வரையறைக்குள் கொண்டுவர முடியும்.

இப்படி ஒவ்வொரு உயிரினமும் தனக்குத் தேவையான உணவைப் பெறவும் தனது சந்ததியைப் பெருக்கவும் அறிவைப் பெற்றுள்ளது. பல நேரங்களில் மனிதன் இதை உள்வாங்கிக் கொள்கிறான். அன்றாட வாழ்வில் நாம் பயன்படுத்தும் பல தொழில்நுட்பங்கள் விலங்குகளின் அறிவிலிருந்து பெறப்பட்டதாகும். நுண்ணறிவு ஒவ்வொரு மனிதருக்குமிடையே வேறுபடுகிறது. இந்த வேறுபாட்டிற்குக் காரணம் மரபணுவா என்று கேட்டால் இல்லை என்ற பதில்தான் சரியாக இருக்கும்.

ஒவ்வொரு மனிதனும் தான் பிறந்த சூழல், தனக்குக் கொடுக்கப்படும் கல்வி, கிடைக்கும் புத்தகங்கள், சூழ்நிலையை எந்த வகையில் பயன்படுத்துகிறான். பெற்றோர், சுற்றத்தார் செயல்கள் எனப்பலவும் ஒவ்வொருவருடைய நுண்ணறிவை வளர்ப்பதில் முக்கியப் பங்காற்றுகின்றன. இவ்வாறு பல

காரணிகளை அடுக்கிக்கொண்டே செல்லலாம். சில மனிதர்கள் தனித்துவமாக விளங்குகிறார்கள். கோடிக்கணக்கான மனிதர்கள் வித்தியாசம் ஏதும் இல்லாமல் தனக்குக் கொடுத்த வேலையைச் செவ்வனே செய்து காலத்தைக் கழிக்கிறார்கள்.

இப்பொழுது அதிக நுண்ணறிவு உடைய அல்லது புத்திசாலி மனிதர்களை எடுத்துக்கொள்வோம். அவர்கள் இயற்கையாகவோ அல்லது தனது விடா முயற்சியின் மூலமாகவோ தத்தமது துறையில் நுண்ணறிவு கொண்டவர்கள். அவர்களுக்கு எந்த விதமான அறிவு இருக்கிறதோ அதே அளவு நுண்ணறிவை, அதைவிட அதிக நுண்ணறிவை உருவாக்கும் துறையே செயற்கை நுண்ணறிவு.

நுண்ணறிவு எண் (Intelligence quotient: IQ) என்ற எண்ணைச் சில இடங்களில் ஒருவருடைய நுண்ணறிவைப் பிரதிபலிக்கும் அளவுகோலாகப் பயன்படுத்துகிறார்கள். உண்மையில் இது நுண்ணறிவைக் கண்டுபிடிப்பது இல்லை. அதற்கு மாறாக ஒரு துறையில் அவர் எப்படி சிறந்து விளங்குகிறார் என்பதைக் கண்டறிய உதவும் அளவுகோல் இது. கேட்கப்படும் கேள்விகளுக்கு ஏற்ப ஒருவர் பெறும் மதிப்பெண்கள் மாறுபடும். ஒரு செயல் தேவைப்படாத சமூகத்தில் அந்தச் செயலை செய்ய வேண்டும் என்று கூறினால் அந்தச் சமூக மக்கள் அந்த நுண்ணறிவுத் தேர்வில் குறைந்த மதிப்பெண்தான் பெறுவார்கள்.

உதாரணத்திற்கு, முள் கரண்டியில் உணவு உண்பதில் எப்படி சிறந்து விளங்குகிறார்கள் என்ற தேர்வு வைத்தால் கையிலேயே சாப்பிட்டுப் பழக்கப்பட்ட இந்திய மக்கள் அதில் தேர்ந்தவர்களாக வர இயலாது. ஆனால் முள் கரண்டியைப் பயன்படுத்தி உணவு உண்ணும் வெளிநாட்டினர் அதில் அதிக மதிப்பெண் பெறுவார்கள். அதற்காக இந்தியர்களின் நுண்ணறிவு குறைவு என்று மதிப்பிட முடியாது.

ஆங்கிலம், கணித பாடங்களிருந்து கேட்கப்படும் சில கேள்விகளை வைத்து ஒரு நபர் அதிக நுண்ணறிவு எண்ணை வாங்கியிருக்கிறார் என வைத்துக்கொள்வோம். அதிகம் படிக்காத விவசாயி ஒருவர் அவரை வயல்காட்டிற்குக் கூட்டிச் செல்கிறார். அங்கே விளைந்து நிற்கும் நெற்கதிர்களைக் காண்பித்து இது அறுவடைக்குத் தயாராகிவிட்டதா என்று கேட்டால் அவருக்குத் தெரிவதற்கு வாய்ப்பில்லை. அதனால் நுண்ணறிவு எண் என்பது துறை சார்ந்த அறிவை மட்டும்தான் குறிக்கும். இது ஒருவருடைய மெய்யான நுண்ணறிவுத் திறனை சோதிப்பதற்கு உதவாது. மனிதர்களின் நுண்ணறிவைக் கணக்கிட அவர் எந்தச் சமூகக்

கட்டமைப்பில் வாழ்கிறார், உலகமயமாக்கல், சமூக மாற்றம் ஆகியவை அவரை எப்படிப் பாதிக்கின்றன என்பதும் கருத்தில் கொள்ளப்பட வேண்டும். தொழில்நுட்ப மாற்றங்கள் எவ்வாறு தாக்குதலை ஏற்படுத்துகின்றன என்பதும் இதில் முக்கியம்.

மனிதன் எப்படிச் சிந்திக்கிறானோ, எதையெல்லாம் பகுத்தறிந்து எப்படித் திட்டமிட்டுச் செயல்களைச் செய்கிறானோ அதேபோன்ற ஒரு உருவாக்கத்தை உடையவற்றைச் செயற்கை நுண்ணறிவு என்ற வரையறையில் கொண்டு வரலாம்.

மனிதர்கள் சிந்திப்பதைப்போலக் கணிப்பொறிகளைச் சிந்திக்க வைத்து இயந்திரங்களை உருவாக்க முடியுமா என்ற விவாதம் இருபதாம் நூற்றாண்டின் மத்தியில் எழுந்தது. இந்த விவாதத்தின் காரணமாக 1956இல் இதுகுறித்து ஒரு மாநாடு நடைபெற்றது. அந்த மாநாட்டில்தான் செயற்கை நுண்ணறிவு என்ற வார்த்தை முதன்முதலாகப் பேசப்பட்டது.

அதன் பிறகு இதை உருவாக்குவதற்கான கட்டமைப்புகள் ஆலோசிக்கப்பட்டன. குறியீட்டுத் தர்க்கம் (Symbolic logic), விளையாட்டுக் கோட்பாடு (Game theory), தகவல் கோட்பாடு (Information theory) போன்றவற்றில் செயற்கை நுண்ணறிவைப் பயன்படுத்தும் அடித்தளங்கள் உருவாக்கப்பட்டன. 1970களில் மருத்துவம், நிதிபோன்ற குறிப்பிட்ட துறைகளில் மனித நிபுணர்கள் முடிவெடுக்கும் திறன்களைப் பிரதிபலிக்கும் வகையில் இவை அடுத்த கட்டத்தை நோக்கி நகர்ந்தன.

1980களில் மனித மூளை எப்படி வேலை செய்கிறது என்பதைப் பிரதிபலித்து இந்தத் துறை முன்னேற்றம் கண்டது. நரம்புகளின் இயக்கத்தைப் போல் இயந்திரங்களையும் மாற்றும் முயற்சிகள் தொடங்கின. 1990களிலிருந்து தரவுகளிலிருந்து கற்றுக்கொள்வதன் மூலம் காலப்போக்கில் தானாகவே தங்கள் செயல் திறனை மேம்படுத்தக்கூடிய இயந்திரக் கற்றல் வழிமுறைகளை உருவாக்குவதில் ஆராய்ச்சியாளர்கள் கவனம் செலுத்தினார்கள்.

இந்த நூற்றாண்டின் தொடக்கத்தில் இருந்து ஆழமான கற்றல் என்ற அடுத்த கட்டத்தை நோக்கி இந்தத் துறை முன்னேறியது. இந்த ஆழமான கற்றல் இயந்திரத்திற்குத் துணைப் புலமாக வேலை செய்கிறது. சிக்கலான தரவுகளைப் பகுப்பாய்வு செய்வதற்கும் அதைப் புரிந்துகொள்வதற்கும் பல அடுக்குகள் கொண்ட நரம்பணு வலையமைப்புகள் உருவாக்கப்படு கின்றன. அவற்றிலிருந்து இது புரிந்துகொள்கிறது.

செயற்கை நுண்ணறிவு கால் வைக்காத இடமே இல்லை என்று கூறும் அளவுக்கு இதன் பயன்பாடு பல மடங்கு அதிகரிக்கத் தொடங்கியுள்ளது. ஒரு செயல் சாதகமாக நடை பெறுமா, பாதகமாக நடைபெறுமா என்பதைக் கணிக்க நிகழ்தகவு மிகவும் முக்கியம். கொடுக்கப்படும் எண்ணற்ற தகவல்களை வைத்து சரியான முடிவைச் செயற்கைநுண்ணறிவைக்கொண்டு எடுப்பதற்கு முதலில் நிகழ்தகவைப் பற்றிப் புரிந்துகொள்ள வேண்டும். நிகழ்தகவு என்றால் என்ன என்பதை அடுத்த அத்தியாயத்தில் பார்ப்போம்.

2

நிகழ்தகவு

1654ஆம் ஆண்டு. விளையாட்டுகளில் ஆர்வம் உடைய மேரி என்பவர் தினமும் விளையாட்டில் தோற்றுகொண்டு இருந்தார். அதனால் நிறையப் பணத்தை இழந்துவிட்டு ஏன் தோற்கிறேன் என்பதை அறிந்துகொள்ள இரண்டு கணக்குப் புதிர்களை அவருடைய நண்பர் பிளெய்ஸி பாஸ்கலுக்கு அனுப்பிவைக்கிறார்.

அதைப் பார்த்த பாஸ்கல் இந்தப் புதிருக்குத் தான் கண்டுபிடித்த விடையைத் தனது நண்பர் ஃபெர்மாட்டுக்கு (Pierre de Fermat) அனுப்பி வைக்கிறார். இவர்கள் இருவருக்கும் இடையில் எண்ணற்ற கணித உரையாடல்கள் நடைபெறு கின்றன. அதன் கடைசி முடிவாக நீ இப்படி விளையாடினால் எப்பொழுதும் தோற்றுக் கொண்டுதான் இருப்பாய். அதனால் நீ விளையாடும் முறையை இப்படி மாற்று என்று மேரிக்கு அறிவுரை கொடுக்கிறார்கள். அவரும் அப்படியே செய்து விளையாட்டில் வெற்றிபெறவும் ஆரம்பிக்கிறார்.

இது நடந்த பிறகு இந்தத் துறையைப் பற்றி இருவரும் விவாதிக்கிறார்கள். அடுத்து வந்த ஆராய்ச்சியாளர்களும் இந்தத் துறையைப் படிக்க ஆரம்பித்தார்கள். இப்படி ஆரம்பித்த துறையின் முதல் புத்தகமாக 1718இல் வந்த 'வாய்ப்புகளின் கோட்பாடு' (The Doctrine of Chances) என்ற புத்தகத்தைக் கூறலாம். இதை எழுதியவர் ஆபிரகாம் டி மாவர் (Abraham de Moivre).

இன்று கணிதத்தில் பலவற்றைக் கணிப்பதற்கு இந்தத் துறை மிகப் பெரிய நண்பனாக இருக்கிறது. எதையாவது கணிக்க வேண்டும் என்றால் நிகழ்தகவின் முக்கியத்துவத்தை நாம் உணர்ந்து கொள்ள வேண்டும்.

காலையில் வீட்டிலிருந்து அலுவலகம் புறப்படும்போது குடை எடுத்துக்கொண்டு செல்ல வேண்டுமா வேண்டாமா என்று கேள்வி எழுகிறது.

இதை எப்படி முடிவு செய்வோம்? இந்த முடிவுக்குப் பிறகு பல அடுக்கு நுண்ணறிவு தேவைப்படுகிறது. முதலில் நேற்று மழை வந்ததா? இது மழை பெய்யும் காலமா செய்தித்தாள், தொலைக்காட்சியில் இதைப் பற்றி ஏதாவது செய்தி வந்திருக்கிறதா என்று ஆலோசிக்கிறோம். இல்லை, இன்று நாம் காரில்தான் செல்கிறோம். நடந்து செல்ல வேண்டிய வேலை இல்லை. வீட்டில் புறப்பட்டால் கட்டடத்தின் உள்ளேவரை சென்று விடலாம். அதனால் மழை வந்தாலும் பிரச்சினை இல்லை என்ற சாத்தியக்கூறையும் அலசுகிறோம்.

இப்படி ஒவ்வொன்றாக ஆலோசித்துக் கடைசியில் இன்று குடை எடுத்துச் செல்லலாம் அல்லது வேண்டாம் என்று முடிவுக்கு வருகிறோம்.

இதில் மூன்று நிலைகளை நாம் பார்க்கிறோம். ஒன்று திரட்டப்பட்ட தரவுகள். தரவுகள் நமது அனுபவத்திலிருந்து பெறப்பட்டதாக இருக்கலாம். வாய்வழியாக மற்றவர் கூறியதைக் கேட்டதாக இருக்கலாம். செய்தித்தாள் போன்ற ஊடகங்களி லிருந்து கிடைத்த தகவலாகவும் இருக்கலாம். இரண்டாவது கட்டத்தில் அந்தத் தகவலை அலசி ஆராய்ந்து என்ன செய்ய வேண்டும் என்று முடிவு எடுக்கும் திறன். ஒவ்வொரு மனிதருக்கும் இந்தத் திறன் முற்றிலும் மாறுபடும். ஒரேவிதமான தரவுகளைக் கொடுத்திருந்தாலும் அவரவரின் நுண்ணறிவுக்கு ஏற்ப முடிவெடுக்கும் திறன் மாறுபடும்.

சில சமயம் சிலருக்குச் சாதகமாகவே அல்லது சில செயல்களுக்குச் சாதகமாகவே சிலர் முடிவெடுத்துப் பழகி யிருப்பார்கள். இப்படி முடிவு எடுத்தவுடன் குடை எடுக்கலாம், வேண்டாம் என்று தனது முடிவைப் பயன்பாட்டுக்குக் கொண்டு வருதல். இதுபோன்ற செயல்கள் நமது வாழ்வில் எண்ணற்று நடைபெறுகின்றன. ஆனால் இதற்குப் பின்னால் நமக்குத் தெரியாமல் இருப்பது நிகழ்தகவு என்ற அறிவியல்.

தொலைதூரம் பயணம் செய்கிறீர்கள். வீட்டில் இரண்டு கார்கள் இருக்கின்றன. எதை எடுத்துக்கொண்டு செல்லலாம்?

யோசிக்காமல் புதிய காரை எடுத்துக்கொண்டு செல்லலாம் என்று மனம் கூறும். ஏன்? பழைய கார் எடுத்துப் பல நாட்கள் ஆகிவிட்டன. இடையிடையே பழுதடைகிறது. பயணத்திற்குச் சுகமான அனுபவமாக இல்லை. வேகமாகச் செல்லாது என்று பலவற்றை ஆழ்மனது அலசி ஆராய்ந்து முடிவு செய்திருக்கும்.

நிகழ்தகவு இல்லாமல் நடக்கும் சிலவற்றையும் நாம் இதுபோல் குழப்பிக்கொள்ள வாய்ப்பு இருக்கிறது. காலையில் சூரியன் எத்தனை மணிக்கு உதிக்கும் என்று கேட்டால் எனது அனுபவத்தின் அடிப்படையில்ஆறு மணியிலிருந்து ஆறரை மணிக்குள் உதிக்கும் என்று நீங்கள் நிகழ்த்தகவைப் பயன்படுத்திக் கூறினால் அது தவறான தகவலாக இருக்கும்.

பூமி சுழற்சியின் காரணமாகச் சூரியன் உதிப்பதும் மறைவதுமாக நமக்குத் தோன்றுகிறது. பூமியின் எந்தப் பகுதியில் நாம் இருக்கிறோம். பூமி சூரியனைச் சுற்றி வரும்போது எந்த இடத்தில் சுற்றிக்கொண்டிருக்கிறது என்பவனவற்றைத் துல்லிய மாகக் கவனித்தால், காலையில் பூமியின் எந்தப் பகுதியில் எந்த மாதத்தில் எந்த நாளில் எத்தனை மணிக்கு சூரிய தரிசனத்தைக் காண முடியும் என்பதைத் துல்லியமாகக் கணிக்க இயலும். இது நிகழ்தகவின் கீழ் வராது. இது பூமி சூரியனைச் சுற்றும் கணிதக் கோட்பாடுகளிலிருந்து வரையறுக்கப்படும் செயலாகும்.

கன்னியாகுமரி, விவேகானந்தர் பாறையில் நின்று அதன் பின்புறம் பார்த்தால் இன்று எந்தத் திசையில் சூரியன் வரும் என்பதைத் தெளிவாகக் குறிப்பிட்டிருப்பது இந்தப் புரிதலின் அடிப்படையில்தான்.

நிகழ்தகவைக் கணிதக் கோட்பாடுகளைக் கொண்டு நிரூபிக்க இயலாது. ஆனால் ஒரு செயலைப் பலமுறை செய்து இப்படித்தான் வருகிறது என்பதை உறுதி செய்ய இயலும். ஒரு நாணயத்தைச் சுண்டிவிடுகிறீர்கள். நாணயத்தைச் சுண்டும்பொழுது தலை விழுமா, பூ விழுமா என்ற கேள்வி எழும். பத்து முறை சுண்டிவிட்டாலும் பதினோராவது முறை என்ன விழும் என்பதை நம்மால் கூற இயலாது. ஏனென்றால் ஒவ்வொரு முறையும் நாணயத்தைச் சுண்டும்பொழுது எந்தவிதமான நிகழ்வு நடக்கும் என்பது நமக்குத் தெரியாது. ஆனால் ஒரு லட்சம் முறை நாணயத்தைச் சுண்டுங்கள் என்று கூறினால் ஒரு லட்சத்தில் கிட்டத்தட்ட சரி பாதித் தலையாகவும் சரி பாதிப் பூவாகவும் தான் இருக்கும். இதைச் சோதனையைக்கொண்டு நம்மால் நிரூபிக்க முடியும்.

இன்று பகடை நமது வீட்டில் அதிகமாக வந்துவிட்டது. முன் காலங்களில் தாயக்கட்டை அந்த இடத்தைப் பிடித்திருந்தது.

தாயக்கட்டையில் ஒன்று முதல் 12 வரை எண்கள் விழுவதற்கான வாய்ப்பு இருக்கிறது. மூன்று போட்டால் வெற்றி பெற்றுவிடலாம் அல்லது எதிரியின் காயை வெட்டிவிடலாம் என்ற நிலை வரும்பொழுது அதை அடிக்கடி விளையாடும் வீட்டில் உள்ள முதியவர்கள் அவன் வெற்றிபெறுவான் என்று கூறியதைக் கவனித்திருக்கிறேன். அதன் பிறகு இருக்கும் நிகழ்வைக் கணக்கிட்டால் தாயக்கட்டையில் 1 முதல் 12 விழும் என்றாலும் மூன்று விழுவதற்கு அதிகப்படியான வாய்ப்பு இருப்பதால் அப்படி அவர்கள் கூறுகிறார்கள்.

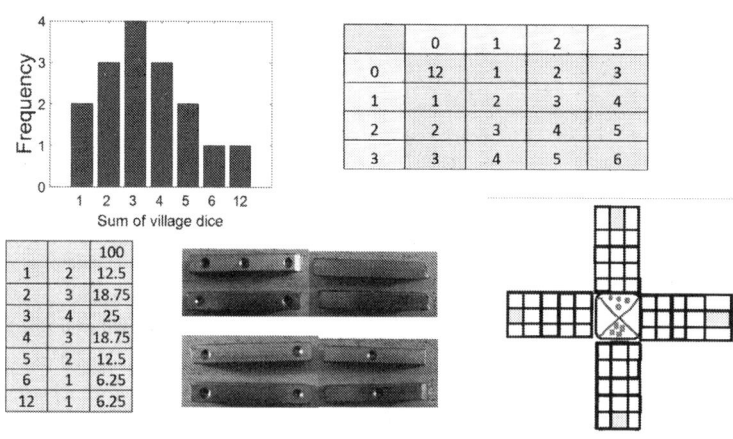

	0	1	2	3
0	12	1	2	3
1	1	2	3	4
2	2	3	4	5
3	3	4	5	6

		100
1	2	12.5
2	3	18.75
3	4	25
4	3	18.75
5	2	12.5
6	1	6.25
12	1	6.25

தாயக்கட்டையில் எண்கள் விழும் நிகழ்ந்தகவின் கணக்கீடு

தேர்தல் காலத்தில் நடத்தப்படும் கணிப்புகளைப் பற்றிப் பார்ப்போம். பல கோடி ரூபாய் செலவு செய்து எல்லா மக்களும் ஓட்டளித்து யார் வெற்றிபெறுகிறார்கள் என்று தேர்தல் ஆணையம் கண்டறிகிறது. ஆனால் சில லட்ச ரூபாய் செலவு செய்து சில மனிதர்களிடமிருந்து மட்டும் கேள்விகள் கேட்டு யார் வெற்றி பெறுவார்கள் என்று தேர்தலுக்கு முந்தைய கணிப்பு, பிந்தைய கணிப்பு எனப் பலரும் கணிக்கின்றனர். இது நிகழ்தகவின் ஒரு வகைதான். முன்பு நாம் விவாதித்த குடை கதையில் வருவது போல முதலில் தரவுகளைச் சேகரிக்க வேண்டும்.

தமிழ்நாடு அளவிலான ஆய்வு என்றால் எல்லாத் தரவுகளையும் சென்னையிலிருந்து எடுத்துப் பயனில்லை. பல தொகுதிகள் இருக்கின்றன. ஒவ்வொரு தொகுதியிலுமிருந்து தரவுகளைச் சேகரிக்க வேண்டும். அதிலும் எல்லா விதமான தொழில் புரிவோர், ஒருவருக்குச் சாதகமாக இருப்பவர்கள், பாதக மாக இருப்பவர்கள், என அனைத்தும் நிறைந்த மக்களிடமிருந்து

கேள்விகளைக் கேட்டுத் தரவுகளை உருவாக்கும்பொழுது அது அந்தத் தொகுதியின் பிரதிபலிப்பை உருவாக்கும். இந்தக் குறிப்பிட்ட அளவு தரவுகளை நாம் மாதிரிகள் என்று கூறுகிறோம். மாதிரிகள் மொத்தத் தரவுகளின் பிரதிபலிப்பாக இருக்க வேண்டும். இதில் ஏதாவது தவறு நடந்தால் அதன் பிறகு கணிக்கப்படும் எல்லாக் கணிப்புகளும் தவறாகத்தான் இருக்கும்.

நிச்சயமாற்ற தன்மையை வரையறை செய்வதற்கு நிகழ்தகவுப் பரவல்கள் (probability distribution) பயன்படுகின்றன. முதலில் கிடைக்கும் தரவுகளை வைத்து எந்தப் பரவல் சரியாக இருக்கும் என்பதை உறுதிசெய்தவுடன் அந்தப் பரவலில் உள்ள காரணிகளைக் (parameters) கண்டறிய வேண்டும்.

காரணிகள் கண்டறியப்பட்டவுடன், இவற்றைக் கொண்டு பல்லாயிரக்கணக்கான மாதிரிகளை நம்மால் திரட்ட இயலும். ஒரு ரயில் நிலையத்தில் 8 மணிக்குப் புறப்படும் தொடர்வண்டிக்குப் பயணிகள் எத்தனை மணிக்கு வருகிறார்கள் என்ற நிச்சயமற்ற தன்மைக்கு நிகழ்தகவுப் பரவலை எப்படி உருவாக்கலாம் என்பதைச் சற்று அலசுவோம். 8:00 மணிக்குத் தொடர்வண்டி புறப்படுகிறது என்றால் ஆறு மணியிலிருந்து பயணிகள் வரத் தொடங்குவார்கள். ஆயிரம் பயணிகள் வர வேண்டும் என்றால் ஆறு மணிக்கு மெதுவாகத் தொடங்கி ஏழு மணி 59 நிமிடங்கள்வரை பயணிகள் வந்துகொண்டிருப்பார்கள்.

மீண்டும் அடுத்த முறை எப்படிப் பயணிகள் வருகிறார்கள் என்பதை மற்றொரு நாள் திரட்டலாம். ஆனால் இப்படித் திரட்டிக் கொண்டே இருப்பதற்கு நிறையப் பொருட்செலவு தேவைப்படும். ஒருசிலமுறை திரட்டியவுடன் அந்தத் தகவல் களை வைத்து நிகழ்தகவுப் பரவல் வரையறுக்கப்படுகிறது. தொடர்வண்டியில் பயணம் செய்வதில் பாதிப் பேர் 7 மணிக்கு வந்துவிட்டார்கள். மீதிப் பேர் எப்படி வந்தார்கள் என்பதை நிகழ்தகவுப் பரவலில் கணிதச் சமன்பாடுகளின் மூலம் உருவகப்படுத்த முடியும். இப்பொழுது இதை வைத்துக்கொண்டு ஒரு தொடர்வண்டி மட்டுமல்ல; ஆயிரக்கணக்கான தொடர்வண்டிகளுக்கும் எப்படிப் பயணிகள் வருவார்கள் என்பதை எளிதில் உருவாக்க முடியும்.

ஒரு பீரங்கியிலிருந்து குண்டு வீசப்படுவதாக வைத்துக் கொள்வோம். அந்தக் குண்டு எங்கே போய் விழுகிறது என்று கேள்வி கேட்டால் அதன் பதில் ஒரு நிச்சயமற்றத் தன்மையாக இருக்கும். *500 மீட்டரிலிருந்து 600 மீட்டர்வரை அது செல்லலாம்* என்று வரையறை செய்ய முடியும். ஒரே மாதிரியான குண்டுகள் வீசப்பட்டாலும் நாம் வீசிய நேரத்தில் இருந்த காற்றின்

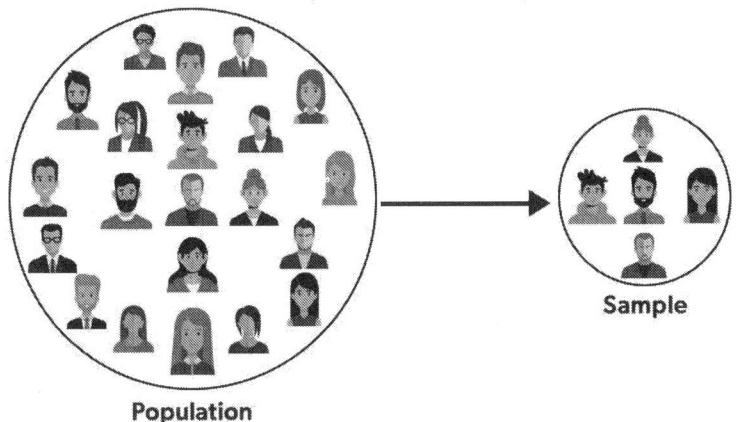

மொத்த தரவுகளில் இருந்து சில மாதிரிகள் மட்டும் எடுத்தல்

உராய்வைப் பொறுத்தும் அதன் வேகம் மாறும். அதேபோல் காற்று எதிர்த் திசையிலோ அல்லது குண்டு செல்லும் திசையில் அடிக்கிறதா அதன் வேகம் என்ன என்பது குண்டு விழுந்த தூரத்தை மாற்றும்.

எறியப்படும் குண்டுகள் ஒன்று போல் இருந்தாலும் அதன் எடையில் நுண்ணிய வேறுபாடுகள் இருக்கும். உதாரணத்திற்கு எடை குறைவான குண்டு அதிகத் தூரத்திற்கும், எடை அதிகமான குண்டு குறைவான தூரத்திற்கும் செல்வதைக் கருதலாம். நிரப்பப்படும் வெடிபொருட்கள் ஒன்று போலச் செயல்படுவதில்லை. அதிலிருந்து கிடைக்கும் ஆற்றல் சில நேரம் மாறுபடும்.

மேற்கூறிய பல நிச்சயமற்ற தன்மைகள் ஒவ்வொன்றையும் நிகழ்தகவுப் பரவல் மூலம் வகைப்படுத்த முடியும். இப்படி வகைப்படுத்திய பிறகு குண்டு வீசப்படும் நாளில் காற்றின் வேகம் எப்படி இருந்தது, அதன் எடை எவ்வளவு இருந்தது போன்ற தகவல்களை உள்ளீடாகக் கொடுக்கும்பொழுது துல்லியமாகக் குண்டு எவ்வளவு தூரத்தில் விழும் என்பதை நம்மால் கணிக்க இயலும்.

முதலில் 500இலிருந்து 600 மீட்டர் என்று கூறியதற்குப் பதிலாக 540இலிருந்து 545 மீட்டர் தொலைவில் சென்று விழும் என்று மிக எளிதாகக் கணிக்க முடியும். கிடைக்கும் தகவல்களை நிகழ்தகவுப் பரவலாக மாற்றி அந்த நிச்சயமற்ற தன்மையில் வரும் பல காரணிகளை முதலில் கண்டறிய வேண்டும். அந்தக்

காரணிகளை நிகழ்தகவுப் பரவலின் மூலம் வரையறை செய்ய வேண்டும். இந்தப் பரவல்களை வைத்துக்கொண்டு மிக எளிதாக அந்தச் செயல் நடப்பதற்கான சாத்தியக்கூறுகளை எளிதாகக் கண்டறியலாம்.

ஒரு ஏவு வாகனம் செயற்கைக்கோளைப் புவியிலிருந்து விண்ணுக்குக்கொண்டு செல்லும்பொழுது பல நிச்சயமற்ற காரணிகள் இருக்கின்றன. ஏவு வாகனத்தின் செயல்பாடுகள் முதல் காற்றின் உராய்வுவரை ஒவ்வொன்றும் இதுபோன்ற நிகழ்தகவுப் பரவல்களைக்கொண்டு வரையறுக்கப்படுகிறது. எல்லா நிச்சயமற்ற தன்மைகளையும் கணக்கில் கொண்டு குறிப்பிட்ட சுற்றுவட்டப் பாதைக்குச் செயற்கைக்கோளைக் கொண்டுசெல்லத் தேவைப்படும் எரிபொருள் நிரப்பப்படு கிறது. எரிபொருள் மீதம் ஏற்பட்டாலும் செயற்கைக்கோளைப் பத்திரமாகச் சுற்றுவட்ட பாதைக்கு இதனால் கொண்டு செல்ல முடிகிறது.

ஒவ்வொரு உருளைக்கிழங்கின் எடை வேறுபடும் விதம் நிகழ்தகவுப் பரவலின் மூலம் வகைப்படுத்தப்பட்டுள்ளது. இரண்டு கடைகளில் கிடைக்கும் உருளைக்கிழங்கின் எடையைக் கணக்கிட்டு, எடை வித்தியாசம் எவ்வாறு மாறுபடுகிறது என்பதை எளிதில் அறிந்துகொள்ள இயலும்.

கோடைகாலத்தில் என்ன வியாபாரம் செய்யலாம் என்று சாலையோர வியாபாரி யோசிப்பதும் இந்த நிகழ்தகவின் ஒரு வகைதான். கோடைகாலம் தொடங்கிவிட்டது; தர்பூசணிப் பழங்களை வாங்கி விற்கலாம், எலுமிச்சம்பழம் ஜூஸ் கடை நடத்தலாம் என்று முடிவுக்கு வருவது இந்தத் தரவுகளின் அடிப்படையில்தான். தீபாவளிப் பண்டிகை வருகிறது, ஊர்த் திருவிழா வருகிறது; அந்த ஊர் மக்கள் என்ன விதமான பொருள் வாங்குவார்கள். சந்தையில் வந்துள்ள எந்த விளையாட்டுப் பொருள் குழந்தைகளுக்குப் பிடிக்கும். புதிதாக எந்த விளையாட்டுப் பொருள் வாங்கலாம் என்று ஒவ்வொரு செயலுக்குப் பின்னாலும் தரவுகளின் பங்கும் அந்த வியாபாரம் செய்பவரின் நுண்ணறிவும் முக்கியத்துவம் பெறுகின்றன.

ஒரு வியாபாரியைப்போல் மற்ற வியாபாரி சிந்திக்க மாட்டார். அதனால்தான் சிலர் தொழிலிலும் அலுவலகத்திலும் முன்னேறிக்கொண்டிருக்கின்றனர். அவர் ஏன் மாற்றிச் சிந்திக் கிறார், அவர் நுண்ணறிவு எப்படி முன்னேற்றத்தில் பங்கு வகிக்கிறது என்பதை அறிந்து அதேபோன்ற யுத்தியைச் செயற்கை நுண்ணறிவில் இயந்திரங்களுக்குப் பயன்படுத்த வேண்டும்.

கணிதத்தின் நிகழ்தகவு மட்டுமில்லாமல் மற்ற பிரிவுகளான புள்ளியியல், வகை நுண்கணிதம் *(differential calculus)*, நேரியல் இயற்கணிதம் *(Linear algebra)* போன்ற துறைகளும் செயற்கை நுண்ணறிவில் பயன்படுகின்றன.

செயற்கை நுண்ணறிவின் மற்ற பகுதிகளை அறிந்து கொள்வதற்கு முன்பாகத் தரவுகளின் பங்கு என்ன என்பதை முதலில் பார்த்து விடுவோம்.

3

தரவுகளின் முக்கியத்துவம்

ஒரு துறையில் ஒருவர் நிபுணத்துவம் பெறுவதற்கு அந்தத் துறையைப் பற்றிய கல்வி அறிவு, துறை சார் அனுபவம் ஆகிய இரண்டும் முக்கியக் கூறுகள். இந்த இரண்டிலும் துறையைப் பற்றிய தரவுகளை நாம் கற்றுக்கொள்கிறோம். எப்படிக் கற்றுக்கொள்கிறோம், தரவுகளை மறக்காமல் எப்படித் தேவைக்கு ஏற்ப உபயோகிக்கிறோம் என்பது செயற்கை நுண்ணறிவில் இரண்டாம் கட்டம். முதல் கட்டத்தில் தரவுகளை எப்படிச் சேகரிக்கிறோம் என்பது மிக முக்கியம்.

தந்தை செய்யும் தொழிலைச் சிறு வயது முதலே ஒருவர் பார்த்துக்கொண்டுவருகிறார். தொழிலின் ஒவ்வொரு நுணுக்கத்தையும் மகனுக்குத் தந்தை கூறிக்கொண்டே வருகிறார். இருந்தபோதும் அவற்றில் அவ்வளவு சிரத்தை இல்லாமல் இருக்கும் மகன் பின்னாளில் தந்தைக்குப் பிறகு தொழிற்சாலையை எடுத்து நடத்திச் சில ஆண்டுகளிலேயே அந்தத் தொழில் நலிவடைந்து போகிறது. அதே தொழிலைப் புதிதாக வரும் நபர் ஒருவர் தொடங்குகிறார். அவருக்கு அதிக அனுபவம் இல்லை. ஆனால் தினமும் தொழிலில் கிடைக்கும் அனுபவப் பாடங்களிலிருந்து கற்றுக்கொண்டே வருகிறார். ஒரு சில ஆண்டுகளிலேயே தான் என்ன தவறு செய்கிறோம் எதை எப்படிச் செய்ய வேண்டும் எனக் கற்றுக்கொண்டு தொழிலில் முன்னேற்றம் அடைகிறார்.

இந்த இரண்டு கதைகளிலும் அந்தந்தத் தொழிலைப் பற்றிய தரவுகள் எப்படிக் கிடைத்தன,

அதை அவர்கள் எப்படிப் பயன்படுத்திக்கொண்டார்கள் என்பன ஆலோசிக்க வேண்டியவை. முதல் கதையில் தெரிந்து கொள்ள வேண்டிய செய்திகளை அப்பா மகனுக்குக் கூறுகிறார். ஆனால் அந்தத் தரவுகளைச் சரியாக உள்வாங்காததால் முடிவெடுக்க வேண்டிய காலத்தில் அது அவருக்குப் பயன் படாமல் போய்விட்டது. அதே நேரத்தில் புதிதாகத் தொழிலைத் தொடங்கி வெற்றி பெற வேண்டும் என்று உத்வேகத்தில் இருக்கும் நபர் தனது அனுபவத்தில் கிடைக்கும் ஒவ்வொரு செய்தியையும் தரவுகளாகச் சேகரித்து வருகிறார். அந்தத் தரவுகள் அவருடைய முன்னேற்றத்திற்கு உதவுகின்றன.

இப்படிச் செயற்கை நுண்ணறிவில் இரண்டு விதமான படிமுறைகளைக் கூறுகிறார்கள். ஒன்று, முழுவதுமாக நீ என்ன செய்ய வேண்டும் என்று கூறிவிடுவது. இரண்டாவது சூழ்நிலைக்கு ஏற்ப ஏன் நான் தவறாக முடிவெடுத்தேன் என்பதை உணர்ந்துகொண்டு தனது ஒவ்வொரு தவறிலிருந்தும் பாடங்களைக் கற்றுக்கொள்வது. இதைப் பற்றிப் பின்வரும் பகுதிகளில் விரிவாகக் காண்போம்.

குழந்தைகளைச் சாலையைக் கடக்க நாம் அனுமதிப்ப தில்லை. விபத்து நடந்துவிடும் என்று பயப்படுகிறோம். இதற்குப் பின்னால் என்ன தரவு வேண்டும் என்று பார்ப்போம். ஒரு மாநில நெடுஞ்சாலையில் இருக்கிறீர்கள். சாலையைக் கடக்க வேண்டும். கடக்கலாமா வேண்டாமா என்று முடிவு எடுப்பதற்குச் சில தரவுகள் வேண்டும். எதிர் எதிர்த் திசைகளில் என்ன வாகனங்கள் வருகின்றன. எல்லா வாகனங்களையும் தெளிவாகப் பார்க்க முடிகிறதா, வாகனம் பின்னால் வரும் வாகனத்தை மறைத்துக்கொண்டு வருகிறதா என்பதையெல்லாம் பார்க்கிறீர்கள் வந்துகொண்டிருக்கும் வாகனத்தை ஒரு சில வினாடிகள் பார்த்து அது எந்த வேகத்தில் வருகிறது. நம்மிடமிருந்து எவ்வளவு தூரத்தில் இருக்கிறது என்பதைக் கணிக்கிறீர்கள்.

முடிவெடுப்பதில் தரவுகள்தான் செயற்கை நுண்ணறிவில் உயிர் நாடி. தரவுகள் அதிகமாக ஆகத் துல்லியமும் அதிகமாகும்.

வாகனம் நம்மை நோக்கி வருவதற்கு முன்பு நம்மால் நடந்து கடக்க முடியுமா, நான் மட்டும் கடக்க வேண்டுமா, வயதான நபரும் நம்முடன் நிற்கிறாரா, சாலையின் ஒரு பகுதி வரை கடந்து மற்றொரு பகுதியைக் கடக்க வேறு வண்டி ஏதாவது எதிர்த் திசையிலிருந்து வருகிறதா என்று பல தரவுகளைப் பார்க்க வேண்டியிருக்கிறது. அதன் பிறகுதான் சாலையைக் கடக்கும் செயல் நடைபெறுகிறது.

"அனுபவமே சிறந்த ஆசான்" என்ற பழமொழிக்குப் பின்னால் பல வருட அனுபவத்தில் என்னென்ன தரவுகளை அவர் சேகரித்து வைத்திருக்கிறார் என்ற அறிவியல் இருக்கிறது. பத்து வயதுப் பையனிடம் அரிசியை அள்ளிக் கையில் கொடுத்தால் அது அரிசியா பருப்பா என்று மட்டும்தான் அவனால் கண்டுபிடிக்க இயலும். அவனிடம் இருக்கும் தரவு அவ்வளவுதான்.

அதே நேரத்தில் 30-40 வருடங்கள் அரிசித் தொழில் செய்யும் ஒருவரிடம் கொடுத்தால், அது எந்த வகையான அரிசி, புது அரிசியா, பழைய அரிசியா, விலை உயர்ந்ததா, விலை குறைவா, சாப்பாட்டிற்கு வைத்துக்கொள்ளலாமா, இட்லி மாவு செய்வதற்கு வைத்துக்கொள்ளலாமா பிரியாணி செய்யப் பயன்படுமா, புழு பிடித்த, உபயோகம் இல்லாத அரிசியா என்று அரிசியைப் பற்றிய அத்தனை தரவுகளையும் கூறிவிடுவார்.

கடையில் இரண்டு கிலோ இட்லி அரிசி வாங்கி வா என்று அம்மா கூறினால் அங்கே மகனுக்கு இந்தத் தரவுகள் தேவைப்படுகின்றன. இட்லி அரிசி எப்படி இருக்கும் என்று அதை வாங்குவதற்குத் தேவையான தரவை அம்மாவிடம் கேட்கிறான் மகன். குண்டு அரிசியாக இருக்கும். அந்தக் கடையில் சென்று இந்தப் பெயர் சொல்லி வாங்கி வா என்று அறிவுரை கூறி அனுப்புகிறார் அம்மா. கடைக்குச் சென்று பலமுறை அரிசி வாங்கும் மகனுக்கு இந்தத் தரவுகள் அனைத்தும் அத்துபடி ஆகிறது. அதனால் நாளடைவில் அவனே எந்தப் பிரச்சினையும் இல்லாமல் வாங்கி வந்துவிடுகிறான்.

இந்த எடுத்துக்காட்டுகள் புரிவதற்காகச் சிறிய அளவில் கூறுகிறேன். உண்மையில் செயற்கை நுண்ணறிவு இதைவிடப் பல மடங்கு எண்ணிப் பார்க்க முடியாத அளவு தரவுகளை உள்வாங்குகிறது. அதீத தரவுகள் எப்படி உதவுகின்றன என்று பார்ப்போம்.

முன்பு நமது வீட்டிற்கு அருகில் மளிகைக் கடை இருக்கும். அந்தக் கடையின் உரிமையாளர் எந்தப் பொருள் தேவைப்படும் என்பதை அவருடைய அனுபவத்திலிருந்து வாங்கி வைத்திருப்பார்.

சில நேரம் நமக்குத் தேவைப்படும் பொருட்கள் அந்தக் கடையில் இருக்காது. சில பொருட்கள் அவர் எதிர்பார்த்ததைவிட அதிகமாக விற்றுவிடும். சில பொருட்கள் விற்காமல் போய்விடும்.

ஆனால், இன்றைய நவீன சூப்பர் மார்க்கெட் எனப்படும் மளிகைக் கடை எப்படிப் பொருட்களை வாங்கி வைப்பது என்பதைத் தரவுகளின் அடிப்படையில் முடிவு செய்கிறது. உங்கள் வீட்டிற்கு அருகில் சூப்பர் மார்க்கெட் தொடங்குகிறார்கள் என்று வைத்துக்கொள்வோம். நாங்கள் கடை தொடங்கி விட்டோம் என்பதைத் துண்டுப் பிரசுரம் அச்சடித்து ஒவ்வொரு வீட்டிற்கும் கொடுக்கிறார்கள். அல்லது காலையில் வரும் செய்தித்தாளில் வைக்கிறார்கள். அந்தப் பகுதியில் வசிக்கும் மக்கள் புதிய கடை வந்துவிட்டது என்பதை அறிகிறார்கள்.

ஒருவர் கடைக்கு வரும்பொழுது அவர் எந்த விதமான பொருள் வாங்குவார் என்பதற்கான தரவுகள் சூப்பர் மார்க்கெட் நடத்துவதற்குத் தேவைப்படுகின்றன. அதற்கு அவர்கள் உங்கள் தொலைபேசி எண்ணைக் கூறுங்கள் என்பார்கள். இது சிறப்பு அட்டை என்று ஒரு அட்டையைக் கொடுப்பார்கள். ஒவ்வொரு முறை நீங்கள் பொருட்கள் வாங்கும்போதும் இந்த அட்டையைக்கொண்டு வாருங்கள். உங்கள் தொலைபேசி எண்ணைக் கூறுங்கள் என்று சொல்வார்கள்.

நாமும் ஏதாவது பெரிய பரிசு கிடைக்கும் என்று ஒவ்வொரு முறையும் மறக்காமல் தொலைபேசி எண்ணைக் கூறிப் பொருட்களை வாங்கி வருவோம். சில நாட்கள், சில மாதங்கள் கழிந்து நீங்கள் பத்தாயிரம் ரூபாய்க்குப் பொருள் வாங்கி யிருக்கிறீர்கள். அதற்காக 100 ரூபாய் மதிப்புள்ள இந்த இலவசப் பொருளைத் தருகிறோம் என்றதும் நாம் மகிழ்ச்சி அடைகிறோம்.

பின்னர் எந்தப் பொருள் வாங்கினாலும் மறக்காமல் அது நமது தொலைபேசி எண்ணில் உள்வாங்கப்படுகிறதா என்பதை நாம் உறுதிசெய்வோம். இதற்குப் பின்னால் அந்தக் கடையின் கணிப்பொறி உங்களைப் பற்றிய தரவுகளைச் சேகரித்து வைத்துக் கொண்டே இருக்கும். கடந்த ஆறு மாத காலத்தில் எந்த விதமான குளியல் சோப்புகளை நீங்கள் வாங்கினீர்கள், உங்கள் வீட்டில் எத்தனை நபர்கள் இருக்கிறார்கள், எல்லோரும் ஒரே மாதிரியான குளியல் சோப்புகளை வாங்குகிறார்களா, பென்சில் ரப்பர் என அடிக்கடி வாங்குகிறீர்களா, எத்தனை குழந்தைகள் இருப்பார்கள். வரும் மாதங்களில் உங்களுக்குப் பென்சில் ரப்பர் தேவைப்படுமா, சிறு குழந்தைகளுக்கான பொருட்கள் வாங்குகிறீர்களா, வயதானவர்களுக்கான பொருட்கள் வாங்குகிறீர்களா, சர்க்கரை வாங்கும் அளவு அதிகமாக இருக்கிறதா, ஐஸ்கிரீம் அதிகமாக

வாங்குகிறீர்களா. என்று நீங்கள் வாங்கிய பொருட்களின் தரவு களை வைத்து நீங்கள் யார், உங்கள் குடும்பத்திற்கு எப்படிப்பட்ட பொருட்கள் தேவைப்படுகின்றன, வரும் மாதங்களில் எந்த விதமான பொருட்களை நீங்கள் வாங்குவீர்கள் என்ற தரவுத் தொகுப்பை அது உருவாக்கிவிடுகிறது.

உங்களைப் போல் அந்தக் கடைக்கு வரும் எண்ணற்ற மக்களின் தரவுகளையும் அது சேகரித்துவைக்கிறது. அந்தத் தரவுகளின் அடிப்படையில் கடந்த ஆறு மாதத்தில் இந்த வகையான சோப்பு அல்லது இந்தப் பொருள் அதிகமாக விற்பனையாகியிருக்கிறது; இந்தப் பொருள் விற்பனை ஆகவில்லை என்பது தெரியவருகிறது. கடைக்கு வாங்கும் பொருட்களில் அடுத்து எதை வாங்க வேண்டும் என்பதை இந்தத் தரவுகள் முடிவு செய்கின்றன.

முன்பு மளிகைக் கடை நடத்தியவர் அனுபவத்தில் இதை எல்லாம் கண்டறிந்தார். அதிலும் அவருக்குச் சிறு தோல்விகள் இருந்திருக்கும். ஆனால் இன்று சூப்பர் மார்க்கெட்டில் பணம் வாங்கும் நபர்கள் யார் என்ன வாங்குகிறார்கள் என்ற எந்தக் கவலையும் இல்லாமல் செவ்வனே அவர்கள் வேலையைச் செய்கிறார்கள். ஆனால் அதைப் பற்றிய அனைத்துத் தரவுகளும் சேகரிக்கப்படுகின்றன.

உங்களைப் பற்றி இதைவிடப் பல மடங்கு தரவுகள் உங்கள் கணிப்பொறியில் நீங்கள் உள்ளிடும் வார்த்தைகளை வைத்தும் உங்கள் கைப்பேசியில் இருந்தும் பெறப்படுகின்றன. வீட்டில் கேஸ் ஸ்டவ் பழுதாகிவிட்டது. புதியது வாங்க வேண்டும் என்றால் எந்த விதமான அடுப்பு வாங்கலாம் என்று கணிப்பொறியில் தேடுகிறீர்கள். அடுத்த சில நாட்களுக்கு நீங்கள் தேடிய கணிப்பொறிக்கும் மின்னஞ்சலுக்கும் கைப்பேசிக்கும் இந்த அடுப்பு நன்றாக இருக்கும்; இதை வாங்கி விட்டீர்களா என்று தொடர்ந்து விளம்பரங்கள் வருவதைப் பார்த்திருப்பீர்கள்.

சந்தையில் எண்ணற்ற பொருட்கள் இருக்கின்றன. எந்தப் பொருளை யாரிடம் காண்பிக்க வேண்டும் என்ற வரையறையைக் கண்டுபிடிப்பதற்குத் தரவுகள் முக்கியப் பங்காற்றுகின்றன. ஆங்கிலம் படிக்கத் தெரியாத ஒரு நபரிடம் ஆங்கிலத்தில் வெளிவந்த மிக அற்புதமான புத்தகம் என்று கூறி விற்க முடியாது. அதே நேரத்தில் ஆயிரக்கணக்கான புத்தகங்களை வீட்டில் வைத்திருக்கும் ஒரு நபரிடம் புத்தகத்தைப் பற்றிக் கூறினால் அவர் வாங்கிக்கொள்வார். கடைக்காரர் எந்த நபருக்கு என்ன தேவை என்பதை முகம் அறிந்து கொடுக்கிறார். அதைவிட ஆயிரம் மடங்கு தகவல்களைத் தொழில்நுட்பம் திரட்டி

பெ. சசிக்குமார்

விடுகிறது. நீங்கள் வலைதளத்தில் என்ன தேடினீர்கள் என்பதைக் கண்டறிந்து விளம்பரப்படுத்தப்படுகிறது.

ஒரு படத்தைக் காட்டி இது என்ன பொருள் என்று கேட்டால் நமக்குத் தெரியாது. ஆனால் கணிப்பொறி தெளிவாகக் கூறிவிடுகிறது. ஒரு பூவைக் காட்டி இது என்ன பூ என்றால் முன்பு அந்தப் பூவைப் பார்த்திருந்தால்தான் நம்மால் சொல்ல முடியும். ஆனால் தன்னிடம் உள்ள எண்ணற்ற தரவுகளில் அந்தப் பூவைப் பற்றிய செய்திகளை வைத்துக்கொண்டிருக்கும் செயற்கை நுண்ணறிவு மிக எளிதில் இது என்ன பூ என்பது கண்டறிகிறது.

ஒரே மனிதனின் புகைப்படம் என்றாலும், வேறு வேறு பலவித முக பாவனைகளை ஒருவர் காண்பித்தாலும் இவை அனைத்தும் இந்த நபரின் புகைப்படம்தான் என்று கண்டறிய வேண்டும். அதற்காக ஒரே மனிதரின் பல பாவனைகள் கொண்ட படங்கள் தேவைப்படுகின்றன.

இங்கே கவனிக்க வேண்டியது நாம் அந்தப் பூவைப் பார்த்திருந்தாலும், எந்த நேரத்தில் பார்த்தோம் என்பதை வைத்து நமது திறன் மாறுபடும். புதிதாகக் காண்பிக்கப்பட்ட பூ முன்பு பார்த்த அதே விதத்தில் நமக்குக் காண்பிக்கப்பட்டால் தான் நம்மால் கண்டுபிடிக்க இயலும். மொட்டாக இருக்கும் போது எப்படி இருக்கும், ஒரு நாள் முன்பு எப்படி இருக்கும். நன்றாக விரிந்த உடன் எப்படி இருக்கும் என்று பூவின் படங்களை மாற்றிக் காட்டினால் நமக்குத் தெரியாது. ஆனால் பூவைப் பற்றி முழுவதும் அறிந்துகொள்ளப் பலரும் எடுத்துள்ள புகைப்படங்களை உள்ளீடாக வைத்திருக்கும் கணிப்பொறி அந்தப் பூவை எப்படிக் காண்பித்தாலும், அதன் வகைகளில்

பெரியது சிறியது என எதைக் காண்பித்தாலும் மிக எளிதாக இது இந்தப் பூதான் என்று கண்டுபிடித்துவிடும். காரணம் அதனிடம் உள்ள தரவுகள்.

செயற்கைநுண்ணறிவின் முதல் படி தரவுகளைச் சேர்ப்பது. இந்தத் தரவுகளைத் தானாக உருவாக்கிக்கொள்ளலாம் அல்லது நமக்குத் தெரிந்தவற்றை அவற்றிற்கு உள்ளீடாகக் கொடுக்கலாம். பல வருட அனுபவத்தில் பெற்ற தரவுகளைச் சில நிமிடங்களில் செயற்கை நுண்ணறிவுத் தொழில்நுட்பத்தில் கணிப்பொறியால் உள்வாங்கிக்கொள்ள முடியும்.

சதுரங்கம் எப்படி விளையாட வேண்டும் என்று 1997ஆம் ஆண்டு கணிப்பொறிக்குத் தெரிவிக்கப்பட்டது. அதற்கான தரவுகள் எல்லாம் கொடுக்கப்பட்டு முதல்முறையாகச் சதுரங்க சாம்பியனைத் தோற்கடித்தது. இது நடந்து 20 வருடங்களுக்குப் பிறகு 2017ஆம் ஆண்டு சதுரங்கம் என்றால் என்ன; அதை எப்படி விளையாட வேண்டும் என்ற விதிமுறைகளை மட்டும் கூறி செயற்கை நுண்ணறிவுத் தொழில்நுட்பத்தில் ஆல்பா ஜீரோ (Alpha Zero) என்ற கணிப்பொறி உருவாக்கப்பட்டது. அது தனது விளையாட்டை ஆரம்பித்தவுடன் தோல்விகளைக் கண்டது. ஏன் தோற்றோம் என்பதைத் தரவுகளாக உருவாக்கிக்கொண்டது. ஒரு வினாடியில் 80,000 நகர்வுகளை நகர்த்தக்கூடிய அளவில் அதன் திறன் இருந்தது. இரண்டு மணிநேரம் ஆனவுடன் எப்படி நகர்த்தினால் தோல்வியடைவோம் என்ற தரவு அதற்குக் கிடைத்துவிட்டது. இப்படி விளையாடி எட்டு மணிநேரங்களுக்குப் பிறகு உலகில் யாரும் வெல்ல முடியாத சதுரங்க ஆட்டக்கார ராக மாறியது அந்தச் செயற்கை நுண்ணறிவுக் கணிப்பொறி.

செயற்கை நுண்ணறிவில் தரவுகளை அலசி ஆராய்ந்து முடிவெடுப்பதில் மூன்று முக்கியப் பகுதிகள் இருக்கின்றன. அளவு(Volume), வகைமை(Variety), வேகம்(Velocity) ஆகியவையே அவை எவ்வளவு அதிகமான தரவுகள் இருக்கின்றன என்பதைப் பொறுத்துக் கணிப்பின் துல்லியம் அதிகரிக்கிறது. அடுத்து, எத்தனை வகையான தரவுகள் இருக்கின்றன என்பது முக்கியம். எண்களில் உள்ள தரவுகள், புகைப்படங்களாக உள்ள தரவுகள், உணர்வுக் கருவியிலிருந்து கிடைக்கும் தரவுகள் எனப் பல வகைப்பட்ட தரவுகள் ஒரே செய்தியை எப்படிக் கூறுகின்றன என்பது இதன் பொருள். மூன்றாவது இந்தத் தரவுகளை எவ்வளவு வேகமாகக் கையாளுகிறோம் என்பதில் இருக்கிறது. ஒவ்வொரு வினாடியிலும் தரவுகளை அலசி ஆராய்ந்து அடுத்த வினாடிக்கான முடிவு எப்படி எடுக்கிறோம் என்பதை இது குறிப்பிடுகிறது.

4

எப்படி வேலை செய்கிறது

செயற்கை நுண்ணறிவு எப்படி வேலை செய்கிறது என்பதைச் சுருக்கமாக இந்த இயலில் அலசுவோம். செயற்கை நுண்ணறிவு என்பது கணினி அறிவியலின் ஒரு துறையாகவே கருதப்படுகிறது. மனித நுண்ணறிவுக்குத் தேவைப்படும் பணிகளைச் செய்யக்கூடிய அறிவார்ந்த இயந்திரங்களை உருவாக்கும் வேலை இந்தத் துறையைச் சார்ந்தது. மனிதர்கள் பேசும் மொழியைப் புரிந்துகொள்வது, முடிவெடுத்தல் அவர்கள் என்ன பேசுகிறார்கள் என்பதைப் புரிந்துகொள்ளுதல் போன்றவற்றைக் கூறலாம்.

இதில் பல்வேறு அணுகுமுறைகள் இருந்தாலும் இயந்திரக் கற்றல்தான் பெரும்பாலும் முக்கியத்துவம் பெறுகிறது. தரவுகளிலிருந்து அறிவை எப்படி இயந்திரங்கள் பெற்றுக்கொள்கின்றன என்பதுதான் இயந்திரக் கற்றலில் முக்கியப்படி. வேலையை இப்படிச் செய், அப்படிச் செய் என்று சொல்லிக் கொடுக்காமல் தரவுகள் இப்படி இருந்தால் இது இப்படித்தான் நடக்கிறது என்று கணிப்பொறியே புரிந்துகொள்ளும் வகையில் மாற்றுவதுதான் இந்த இயந்திரக் கற்றலின் முக்கிய அம்சம்.

அப்படிப் புரிந்துகொள்வதற்கு எண்ணற்ற தரவுகள் அதற்கு உள்ளீடாகக் கொடுக்கப்படு கின்றன. முன்பே கூறியபடி சேகரித்துவைத்த தரவு களைக் கொடுக்கலாம். பல இடங்களிலிருந்து கிடைப்பவற்றை உள்ளீடாகக் கொடுக்கலாம்.

கணிப்பொறியே பல வகைகளில் இந்தத் தரவுகளைச் சேகரித்துக் கொள்ளலாம். கிடைத்த தரவுகளில் உள்ள ஒற்றுமையையும் வடிவங்களையும் அலசி ஆராய்ந்து புள்ளியியல் கோட்பாடுகள் தர்க்க வழிமுறைகள் எனப் பலவற்றையும் உபயோகித்துத் தேவையான பதிலை கண்டுபிடிக்கிறது அல்லது செயலை செய்கிறது.

இயந்திரக் கற்றலில் பிரபலமான ஒரு முறை நரம்பணு வலையமைப்புகள் முறையாகும் (Neural Networks). எப்படி நமது மனித மூளை வேலை செய்கிறதோ அதைப்போலத் தரவுகளை அலசும் முறை இதில் கையாளப்படுகிறது. நரம்பியல் கற்றலில் மூன்று படிநிலைகள் இருக்கும். ஒன்று உள்ளீடாகத் தரும் அடுக்கு, கடைசியாக வெளியீடாகக் கிடைக்கும் அடுக்கு ஆகிய இரண்டிற்கும் இடையில் மறைந்துகொண்டு செயல்களைச் செய்யும் பல அடுக்குகள் இருக்கும். உள்ளீடு அடுக்கில் தேவையான தரவுகள் கொடுக்கப்படுகின்றன. அதில் உள்ள ஒவ்வொரு நியூரானும் ஒவ்வொரு தரவுகளை உள்வாங்குகிறது. இப்படி உள்ளீடாகக் கொடுக்கப்பட்ட தரவுகள் மறைந்திருக்கும் பல அடுக்குகளில் உள்ள பல படிகள் வழியாகச் செயல்முறைப் படுத்தப்படுகிறது.

ஒவ்வொரு அடுக்கிலும் அதற்கு உள்ளீடாக வந்தவற்றைக் கணிதச் சமன்பாடுகளின் உதவியுடன் ஆராய்ந்து வெளியீடாகக் கொடுக்கிறது. இப்படியாக வரும் முடிவுகள் கடைசியில் வெளியீட்டில் வரும் அடுக்குக்கு வந்து சேருகின்றன. அப்படி வெளியீட்டிலிருந்து வரும் முடிவு சரியாக இருக்கிறதா என்று சரி பார்க்கப்படுகிறது. தவறாக இருக்கும்பொழுது கொடுக்கப் பட்ட தரவுகள் மாற்றி அமைக்கப்படுகின்றன. அதேபோல் மறைந்திருக்கும் ஒவ்வொரு படியிலும் உள்ள காரணிகள் மாற்றப்படுகின்றன. தெரிந்த தரவுகளையும் தெரிந்த வெளியீடு களையும் வைத்து இப்படி இந்த நரம்பியல் அமைப்புக்குப் பயிற்சி கொடுக்கப்படுகிறது. பயிற்சியில் நல்லபடியாகத் தேறி வரும் அமைப்பு பின்னர் புதிய தரவுகளைப் பரிசீலிக்கும் நிலைக்கு முன்னேறுகிறது.

இதைப் போன்று நிறைய அணுகுமுறைகள் இருக்கின்றன. மற்றொரு அணுகுமுறை விதி அடிப்படையிலான நிரலாக்கம் (Rule based programming). இதற்காகக் கணினியில் பயன்படுத்தக் கூடிய நிறைய விதிகள் உருவாக்கப்படுகின்றன. உதாரணத்திற்கு ஒரு சாலையில் வாகனம் மணிக்கு 80 கிலோ மீட்டர் வேகத்திற்கு கூடுதலாகச் சென்றால் அந்த வாகனங்களைத் தனியாகக் குறித்துக்கொள்ள வேண்டும் என்று வைத்துக்கொள்வோம். எந்த விதமான வாகனங்களுக்கு அபராதம் விதிக்க வேண்டும் என்ற விதிமுறையில் வேகமாகச் செல்லும் வாகனங்கள், சாலையில்

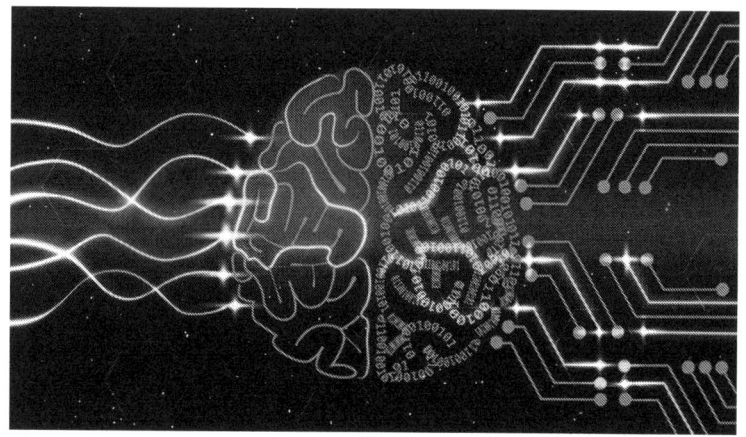

மனித மூளையில் நடைபெறும் நரம்பியல் மாற்றங்களைப் போன்ற செயலாக்கம் செயற்கை நுண்ணறிவில் பயன்படுத்தப்படுகிறது.

நடுவில் வரையப்பட்டுள்ள கோட்டைத் தாண்டி வரும் வாகனங்கள், சிகப்பு விளக்கு எரிந்துகொண்டிருக்கும்போது கடந்து செல்லும் வாகனங்கள் என்று எண்ணற்ற கோட்பாடுகளை உருவாக்கிச் சாலை விதிகளை மீறும் வாகனங்களுக்கு அபராதம் விதிக்கும் முறை. மரபணுவியல் எனப்படும் ஜீன்களின் அமைப்பும் இதுக்குப் பயன்படுத்தப்படுகிறது. டார்வின் கொள்கையின்படி, “வாழத் தகுந்த உயிரினங்களே வாழ்கின்றன மற்ற உயிரினங்கள் அழிந்துவிடுகின்றன.” இருக்கும் சூழ்நிலையில் கிடைக்கும் உணவுப் பொருட்களை வைத்து உயிரினங்கள் எப்படி வாழப் பழகிக்கொண்டன என்பது முதல் படி.

எதிரிகள், இயற்கை சீற்றங்கள் ஆகியவற்றிலிருந்து தன்னைத் தற்காத்துக்கொண்டது இரண்டாம் படி. இப்படி உயிரோடு இருந்த உயிரினங்கள் அடுத்தடுத்த சந்ததிகளை எப்படி உருவாக்கியது மூன்றாம் படி. இந்த மூன்றும்தான் எந்த உயிர்கள் இருக்கின்றன எவை அழிந்துவிட்டன என்பதற்கான காரணம் என்று வைத்துக்கொள்ளலாம். ஒவ்வொரு காலத்திற்கும் ஏற்பச் சந்ததிகளின் திறனும் மாறுபட்டால்தான் ஒரு உயிரினத்தால் இந்த உலகில் வாழ முடியும்.

உதாரணத்திற்கு நமது தாத்தாவைவிட நாம் சிறந்து விளங்க வேண்டும். எப்படி என்றால் தாத்தாவிற்குக் கணிப்பொறியை எப்படி இயக்குவது என்ற அறிவு தேவையில்லை. கணிப்பொறி எப்படி வேலைசெய்கிறது, நவீன கைப்பேசி எப்படி வேலை செய்கிறது, இரண்டு சக்கர வாகனம் எப்படி ஓட்டுவது என்ற பொது அறிவு இல்லாமல் இன்று வாழ்க்கையை ஓட்டுவது

சிரமம். இதேபோன்ற அணுகு முறையைச் செயற்கை நுண்ணறிவு பயன்படுத்துகிறது.

கிடைக்கும் பதில்களில் 50 பெற்றோர் பதில்கள் என்றால் அதிலிருந்து 50 குழந்தைகள் உருவாக்கப்படுகின்றன. குழந்தைகள் உருவாவதற்கு இரண்டு பெற்றோரை எடுத்துக் கலந்துவிட வேண்டும். கிடைத்த குழந்தைகளில் ஒன்றோ இரண்டோ ஜீன்களை மாற்றுவது. அப்படிச் செய்து கிடைக்கும் குழந்தை களை முதலில் இருந்த பெற்றோர்களுடன் ஒப்பிட்டு முதலில் வரும் 50 சிறந்த தீர்வுகள் மட்டும் அடுத்தத் தலைமுறைக்குக் கொண்டு செல்லப்படுகின்றன. இப்படிச் சிக்கலைத் தீர்க்கும் அடிப்படையில் பல தலைமுறைகள் உருவாகும்பொழுது ஒரே அளவு புத்திசாலித்தனம் உடைய குழந்தைகளும் பெற்றோர் களும் கிடைப்பார்கள். அது சரியான தீர்வாக இருக்கும் என்று முடிவு செய்யப்படுகிறது.

தரவுகள் தெளிவாக இருக்கும்பொழுது இது இப்படி இருந்தால் அப்படிச் செய். அப்படி இருந்தால் இப்படிச் செய் என்று உறுதியான தர்க்க முறைமையை உருவாக்க முடியும். ஒரு சிறுவனிடம் தக்காளி வாங்கி வா என்று அம்மா சொல்லி அனுப்புகிறார். கிலோ 25 ரூபாய்க்கு கீழ் இருந்தால் இரண்டு கிலோ வாங்கிக்கொள். 25 ரூபாய்க்கு மேல் இருந்தால் ஒரு கிலோ மட்டும் வாங்கிக்கொள் என்று கூறுகிறார். சிறுவன் கடைக்குச் சென்று அம்மா கூறிய விலையில் ஏதாவது ஒன்று இருந்தால் அம்மா கூறியது போல் வாங்கிவிடுவான்.

ஆனால், இப்பொழுது கடையில் இரண்டு விதமான தக்காளிகள் இருக்கின்றன. ஒன்று புதிதாக வந்த நல்ல தக்காளி அது கிலோ 45 ரூபாய். பழைய தக்காளி கிலோ 25 ரூபாய். இப்பொழுது என்ன செய்ய வேண்டும்? கடைக்கு அம்மா சென்றிருந்தால் தக்காளியைப் பார்த்து எவ்வளவு விலை கொடுத்தாலும் பரவாயில்லை நல்ல தக்காளி வாங்கிக்கொள்ள லாம் என்று முடிவு எடுப்பார். விலை குறைந்த தக்காளியிலும் நிறைய நன்றாக இருக்கின்றன. நல்ல தக்காளியை மட்டும் பொறுக்கி எடுத்துக்கொள்ளலாம் என்றும் முடிவு எடுக்கலாம். இதுபோன்ற தெளிவற்ற நிச்சயமற்ற தகவல்கள் இருக்கும் பொழுது அதிலிருந்து முடிவெடுப்பதற்குத் தெளிவற்ற தர்க்கம் தேவைப்படுகிறது.

இங்கு கிடைத்த தகவல் முழுவதும் தவறா அல்லது முழுவதும் சரியா என்பதை விழுக்காட்டில் கூற வேண்டும். உதாரணத்திற்கு ஜீரோ என்றால் அனைத்தும் பொய் என்று வைத்துக்கொள்ளுங்கள். ஒன்று என்றால் முழுமையும்

உண்மையான தகவல் என்று வைத்துக்கொள்ளுங்கள். மழை பெய்கிறதா இல்லையா என்று கேட்டால் பெய்கிறது ஆம் இல்லை என்று இரண்டு பதில்கள் தான் இருக்க முடியும். ஆனால் இன்று மழை பெய்யுமா என்றால் கிடைத்த தரவுகளை அலசி ஆராய்ந்து இன்று மழை பெய்வதற்கு 80 விழுக்காடு வாய்ப்பு உள்ளது என்ற கணினியின் முடிவு இந்தத் தெளிவற்ற தர்க்கத்தின் மூலமாகக் கண்டறியப்படுகிறது. அதாவது இதன் முடிவு பெரும்பாலும் முற்றிலும் சரியல்ல ஆனால் சரி; என்பதை இது குறிப்பிடுகிறது.

இங்கே தர்க்கக் கோட்பாடுகள் தெளிவற்ற வரையறை தொகுப்புகளைக்கொண்டு செயலாக்கப்படுகின்றன. உதாரணத்திற்கு, உயரமான மனிதர்களை வகைப்படுத்து என்று கூறுகிறேன். உயரம் எவ்வளவு என்று கூறவில்லை இருக்கும் நபர்களில் எவர் எவ்வளவு உயரமாக இருக்கிறார் என்பதைப் பொறுத்துக் கணினி வரையறுத்துக்கொள்ளும்.

துணியின் அளவைப் பொறுத்து துணி துவைக்கும் இயந்திரத்தில் எவ்வளவு தண்ணீர் நிரப்ப வேண்டும் என்பதை மாற்ற வேண்டும். நீங்கள் எவ்வளவு துணி போடப் போகிறீர்கள். ஒவ்வொரு துணியும் ஒவ்வொரு மாதிரி இருக்கப் போகிறது. எப்பொழுதும் இத்தனை லிட்டர் தண்ணீர் என்று முடிவெடுக் காமல் இந்தத் தெளிவற்ற தர்க்கத்தின் அடிப்படையில் துணிக்கு மேல் இவ்வளவு தண்ணீர் வேண்டும் என்ற கணக்கில் இது பயன்படுகிறது. அதைப் போலவே ஒரு அறையில் எவ்வளவு வெப்பநிலையை வைத்திருக்க வேண்டும் என்று குளிரூட்டி முடிவு செய்கிறது. நிச்சயமற்ற தகவல்களைக் கையாள்வதற்குச் செயற்கை நுண்ணறிவில் இந்தத் தெளிவற்ற தர்க்கமுறை முக்கியப் பங்கு வகிக்கிறது.

இதுபோன்ற பலவகை நுணுக்கங்களை பயன்படுத்தி இயந்திரங்களை தானாக கற்றுக் கொள்ள வைக்க வேண்டும். அதற்குத் தகுந்தாற்போல் கணிப்பொறியின் மொழியையும் தர்க்க முறைகளையும் மாற்றி அமைக்க வேண்டும். நாம் நினைத்துப் பார்க்காத ஒரு சூழ்நிலை உருவாகும்போது மனிதர்கள் எப்படிச் சிந்தித்து முடிவெடுப்பார்களோ அதுபோல் தன்னிடம் உள்ள தர்க்கக் கோட்பாடுகளையும் அதுவரை பார்த்த சவால்களையும் பயன்படுத்திக் கணிப்பொறியே முடிவெடுத்துக் கொள்ளும் செயல் ஆகியவற்றைச் செயற்கை நுண்ணறிவின் வெற்றியாகக் கருதலாம்.

இதில் உள்ள படிகளைப் பொதுவாக ஐந்தாகப் பிரிக்கலாம்.

முதலில் தரவு சேகரிப்பு. தரவுகள்தான் நாம் எடுக்கும் முடிவுகள் சரியா தவறா என்பதை உறுதி செய்வதற்கான முக்கிய உள்ளீடு. இந்தத் தரவுகளை எப்படி வாங்குவது என்பது ஒவ்வொரு சிக்கலுக்கும் மாறுபடும். உணர்வுக் கருவிகள் பொருத்தப்பட்டிருந்தால் அதிலிருந்து கிடைக்கும் தரவுகளாக இருக்கலாம். சாலையில் வைக்கப்பட்டிருக்கும் கேமராக்களி லிருந்து கிடைப்பதும் தரவுகள்தான். கணிப்பொறி, கைப்பேசிப் பயனர்களின் தொடர்புகள் உள்ளிட்ட தொடர்புகளிலிருந்தும் நீங்கள் செய்யக்கூடிய செயல்களிலிருந்தும் கிடைக்கும் தரவுகளாகவும் இருக்கலாம். ஒரு கேள்வி கேட்கும்பொழுது எந்த விதமாகக் கேட்கிறீர்கள் என்பதுகூடத் தரவுகளாக மாறலாம்.

தரவுகள் கிடைத்தவுடன் எல்லாவற்றையும் பயன்படுத்தக் கூடியதாக மாற்ற இயலாது. அதில் தேவையில்லாமல் இருக்கும் இரைச்சல்களையும் பிழைகளையும் சரி செய்ய வேண்டும். உதாரணத்திற்கு நீங்கள் பேசுவதைத் தட்டச்சுச் செய்ய வேண்டும் என்று வைத்துக்கொள்வோம். மக்கள் நடமாட்டம் அதிகம் உள்ள ஒரு இடத்தில் நின்றுகொண்டு பேசுகிறீர்கள். அங்கே உங்கள் பேச்சைத் தவிரச் சுற்றியுள்ளவர்கள் பேசுவதும் வாகனங்கள் உருவாக்கும் இரைச்சலும் உங்கள் பேச்சினூடே பதிவாகின்றன. இந்தத் தரவைப் பயனுள்ளதாக மாற்றும்பொழுது நீங்கள் பேசியது மட்டும்தான் தேவை. மற்ற அனைத்தும் தேவையில்லாத சத்தங்கள். அந்தச் சத்தங்களை நீக்கிவிட்டு உங்கள் பேச்சை மட்டும் பிரித்தெடுக்க வேண்டும். இது தரவு முன் செயலாக்கம் *(Data pre-processing)* என்று அழைக்கப்படு கிறது. கிடைக்கும் தரவுகளைச் செயற்கை நுண்ணறிவால் பயன்படுத்தக்கூடிய தரவாக மாற்ற வேண்டும்.

தேவையில்லாதவை நீக்கப்பட்டதும் இந்தத் தரவுகள் கணிப்பொறி புரிந்துகொள்ளும் வகையில் சரியான தகவல்களாக இருக்கின்றன. இந்தத் தகவலை இயந்திரக் கற்றலுக்குப் பயன்படுத்துவது அடுத்த கட்டம். இந்த இயந்திரக் கற்றல் மேற்பார்வையுடன் நடைபெறலாம் அல்லது மேற்பார்வை இல்லாமலும் நடைபெறலாம். மேற்பார்வையிட்ட அமைப்பு களில் தெரிந்த தரவுகளிலிருந்து இயந்திரத்திற்குப் பயிற்சி அளிக்கப்படுகிறது. எந்தவிதமான எடுத்துக்காட்டுக்கு எந்த வடிவம் என்பதைக் கற்றுக்கொள்கிறது. இதைப்பற்றி வரும் இயலில் மேலும் தெளிவாகக் காண்போம்.

இயந்திரக் கற்றல் முடிவாகியவுடன், பயிற்சி அளிக்கப்பட்டுச் சரியாக வேலைசெய்கிறதா என்று உறுதி செய்ய வேண்டும். இந்தப் பயிற்சியில் நாம் உருவாக்கிய செயற்கை நுண்ணறிவுத்

தொழில்நுட்பம் எவ்வளவு துல்லியமாகச் செயல்படுகிறது என்பதை மதிப்பீடு செய்ய வேண்டும். போதிய அளவு துல்லியம் இல்லாவிட்டால் கற்றலில் அதற்குக் கொடுக்கப்பட்ட உள்ளீடுகளையும் எப்படி அது கற்றுக்கொள்கிறது என்பதற்கு நாம் கொடுத்த காரணிகளையும் மாற்றி அமைக்க வேண்டும்.

இந்த நிலையையும் கடந்துவிட்டால் புதிய தரவுகளின் அடிப்படையில் கணிப்புகள் அல்லது முடிவுகளை எடுக்க இதைப் பயன்படுத்தலாம். இதைச் செயல்முறை அனுமானம் என அழைக்கிறோம். இதில் புதிதாக வரும் தரவுகளை எப்படிக் கையாள்கிறது என்பதை வைத்து நடந்தது என்ன என்பதையும் உள்ளீடாகக் கொடுக்கும்பொழுது அதுவும் இதற்கான தரவுகளாக மாறிக்கொண்டே இருக்கும். அந்தத் தரவுகளை வைத்துத் தன்னிடம் இருக்கும் இயந்திரக் கற்றலை மேம்படுத்திக்கொண்டே செல்லும்.

சிக்கலைத் தீர்ப்பதும் தேடலும் செயற்கை நுண்ணறிவின் முக்கியமான பகுதிகள். ஒரு குறிப்பிட்ட சிக்கலுக்குத் தீர்வு காணப் பயன்படுத்தப்படும் படிகளின் தொகுப்புதான் சிக்கலைத் தீர்க்கும் வழிமுறை. நாம் வாழ்க்கையில் சந்திக்கும் ஒவ்வொரு பிரச்சினையும் இருக்கும். வெவ்வேறு கோணங்களில் பிரச்சினையைப் பொறுத்து அதைத் தீர்க்கும் முறையும் மாறுபடும்.

நாம் சந்திக்கும் சில சிக்கல்களை இங்கே பார்ப்போம். துணி துவைக்கும் இயந்திரம் வேண்டும். வீட்டில் எத்தனை பேர் இருக்கிறீர்கள், எவ்வளவு துணி, தண்ணீர் பற்றாக்குறை எப்படி இருக்கிறது, விலை எவ்வளவு, மின்சாரம் எவ்வளவு தேவைப்படும் எனப் பல காரணிகளை வகைப்படுத்தி எது சிறந்த இயந்திரம் என்று கண்டுபிடிக்க வேண்டும். எந்தக் கார் வாங்கலாம். நமது தேவைகளுக்கு எது சரியாக இருக்கும் என்பதும் இதைப்போலத்தான்.

இரண்டாவது, ஒரு பிரச்சினை சிக்கலாக இருக்கிறது. அதற்குத் தீர்வு காண்பது எளிது; ஆனால் எல்லாத் தீர்வுகளை யும் செயல்படுத்த இயலாது என்று வைத்துக்கொள்வோம். அதாவது ஒவ்வொரு தீர்வுக்கும் கட்டுப்பாடு இருக்கிறது. பெரிய கார் வாங்குவதற்குக் கையில் பணம் இருக்கிறது. ஆனால் வீட்டில் நிறுத்துவதற்கு இடமில்லை. சிறிய கார்தான் நிறுத்த முடியும் என்று வைத்துக்கொள்ளுங்கள். இதுபோன்ற சிக்கல்களை எப்படிச் சமாளிப்பது என்பது அடுத்த வகை.

மூன்றாம் வகை முடிவெடுத்தல். எது சிறந்தது, எந்தத் தொழிலில் முதலீடு செய்யலாம். என்ன படித்தால் வேலை கிடைக்கும் என்ற வகையைச் சார்ந்தது.

இந்தச் சிக்கல்களைக் கண்டுபிடிக்கப் பல வகைகள் இருக்கின்றன. சிலவற்றைப் பற்றிச் சுருக்கமாகப் பார்ப்போம். சிறந்த தீர்வு கிடைக்கும்வரை மீண்டும் மீண்டும் மேம்படுத்தித் தேர்வு முறைகளை உருவாக்கிச் சிக்கலுக்கு விடை கண்டுபிடித்தல் ஒரு வகை (Hill Climbing Algorithm). இரண்டு தூரங்களுக்கு இடையே எளிதில் சென்றடைய வேண்டிய பாதையைக் கண்டு பிடிப்பதற்காகப் பயன்படுத்தப்படும் முறைகள் (A* Algorithm). இருக்கும் எல்லாத் தீர்வுகளையும் வகைப்படுத்தி ஒவ்வொன்றின் பின் சென்று அதற்குத் தீர்வு காண முடியாது என்பதை அறிந்து கொண்டு பின்னர் சென்ற வழியிலேயே வந்து அடுத்த தீர்வை நோக்கிப் பயணித்தல் (Backtracking Algorithm). தீர்வுகாண இப்படிப் பல வகைகள் இருக்கின்றன.

தரவுகளிலிருந்து தீர்வைக் கண்டுபிடிக்கச் சிக்கலான கணிதக் கோட்பாடுகள் செயற்கை நுண்ணறிவில் பயன்படுத்தப்படுகின்றன

ஒன்றிலிருந்து ஒன்பதுவரை ஒவ்வொரு கட்டத்தில் நிரப்பும் சுடோகு விளையாட்டைப் பார்த்திருப்போம். ஒரு முறை தான் ஒரு எண் கட்டத்தில் வர வேண்டும். கொடுக்கப்பட்ட 9 கட்டங்களில் கிடை நிலையாகவும் செங்குத்தாகவும் நோக்கும்பொழுது அந்த எண் இல்லாமல் இருந்தால் மட்டும்தான் காலியாக இருக்கும் கட்டத்தில் அதை நிரப்ப முடியும். இந்த

நிபந்தனைகளுக்கு உட்படவில்லை என்றால் அந்த எண்ணை நிரப்ப இயலாது. ஒவ்வொரு முறையும் பின்னோக்கிச் சென்று இந்த நிபந்தனைகளுக்கு அது சரியாக வருகிறதா என்று பார்த்துத் தீர்வு காண்கிறோம்.

அடுத்ததாகத் தேடல் வழிமுறைகள். எப்படித் தேட வேண்டும் என்பதில் பல முறைகள் கையாளப்படுகின்றன. தீர்வு காண ஒரு படியிலிருந்து அடுத்த படிக்குச் செல்வதற்கு எல்லா வழிகளையும் கண்டறிந்து தேடும் முறை. இதை அகலம் தேடல் என்று அழைக்கிறோம் *(Breadth-First Search)*. அடுத்ததாக ஆழம் தேடல் முறையும் *(Depth-First Search)* இருக்கிறது. இங்கே ஒரு பாதை கிடைத்தவுடன் அந்தப் பாதையின் அடி ஆழம்வரை சென்று பார்த்து என்ன அது என்பதை உறுதி செய்த வுடன் அடுத்த தீர்வை நோக்கி நகரும் முறை. இது போன்றவை விளையாட்டுகளில் அதிகமாகப் பயன்படுத்தப்படுகின்றன.

மூன்றாவது முறை பேராசை தேடல் *(Greedy Best-First Search)* என்று வைத்துக்கொள்ளலாம். இலக்கு என்ன என்பது தோராயமாகத் தெரிந்தவுடன் அதற்கு அருகில் உள்ள பாதை களைப் பற்றித் தேடுதல்.

சிக்கல்களுக்குத் தீர்வு காணுதல், தேடல் ஆகியவற்றுக்கு அடுத்த படியாகச் செயற்கை நுண்ணறிவில் இருப்பது பகுத்தறிதல் *(Knowledge representation and reasoning)*. ஒரு செயலைப் பகுத்தறிவதற்கு அதைப் பற்றிய அறிவு தேவைப்படுகிறது. அதை நுண்ணறிவு என்றும் வைத்துக்கொள்ளலாம். அந்த அறிவை எப்படிப் பயன்படுத்துகிறது, அதை வைத்து எப்படிப் பகுத்தறி கிறது என்பது முக்கியம்.

தனக்குத் தெரிந்த தரவுகளை, செய்திகளை அறிவார்ந்த தொழில்நுட்பமாக மாற்றுவது இங்கே நடைபெறுகிறது. ஒரு கருத்தைத் தெரிவிக்கிறீர்கள். ஒரு நிகழ்ச்சியைப் பற்றிய உண்மைகளை விளக்குகிறீர்கள். கணிதவிதிகளைக் கூறுகிறீர்கள். ஒரு செயலுக்கும் ஒரு பொருளுக்கும் இடையே உள்ள தொடர்பு களைக் கூறுகிறீர்கள். இப்படிப் பல தரவுகளில் இருந்து பெறப்பட்டவற்றை அறிவாக மாற்றுதல். இப்படி மாற்றியவுடன் பகுத்தறிவது. இங்கே பகுத்தறிவு என்பது முன்பு கிடைத்த அறிவைப் பயன்படுத்தி முடிவுகளை எடுக்க, அனுமானங்களைச் செய்யும் செயல்முறையாகும். ஏதாவது கேள்விக்குப் பதில் கூற வேண்டும். பிரச்சினைகளுக்குத் தீர்வு காண வேண்டும் என்றால் கிடைத்த அறிவு, விதிகள், வழிமுறைகளைப் பயன்படுத்திப் பகுத்தறிவது நடைபெறுகிறது.

இதை மூன்று பிரிவுகளாகப் பிரிக்கலாம். ஒன்று துப்பறியும் பகுத்தறிவு (Deductive Reasoning). அதில் தற்போதுள்ள அறிவிலிருந்து புதிய அறிவைப் பெற இந்தத் தொழில்நுட்பம் தர்க்கவிதிகளைப் பயன்படுத்துகிறது. இரண்டாவதாகத் தூண்டல் பகுத்தறிவு (Inductive Reasoning). அதாவது, புதுமைப்படுத்தல்கள், கணிப்புகளைச் செய்யக் குறிப்பிட்ட அவதானிப்புகளைப் பயன்படுத்துதல். இப்படி இருந்தால் இது இப்படித்தான் இருக்கும் என முடிவு செய்தல். கோள வடிவில் ஒன்றைக் கையில் வைத்துக்கொண்டு குழந்தைகள் விளையாடிக் கொண்டிருந்தால் அதைப் பந்து என்று வகைப்படுத்துதல்.

மூன்றாவது காரண பகுத்தறிவு (Abductive Reasoning) வகையைச் சேரும். கிடைத்த தரவுகள் முழுமை அடையாத நிலையில் அவற்றை வைத்து முடிவுகள் எடுக்கும் முறை. நிச்சயமற்ற தகவல்களைக்கொண்டு நம்பத் தகுந்த விளக்கத்தை உருவாக்க முடிவு எடுக்கும் முறை. இதுபோன்ற முடிவுகளில் 100% சரியான முடிவு கிடைக்கும் என்று கூற இயலாது.

அடுத்த படியில் திட்டமிடுதலும் அதிலிருந்து முடிவுகளை எடுத்தாலும் நடக்கிறது (Planning and decision-making). இந்தத் திட்டமிடுதலில் ஆரம்ப நிலைகள், கட்டுப்பாடுகளின் தொகுப்பைக்கொண்டு விரும்பிய இலக்கை அடையக்கூடிய செயல்களின் வரிசையை உருவாக்கும் செயல்முறை. சாத்தியமான விளைவுகளின் அடிப்படையில் செயல்களைத் தேர்ந்தெடுப்பதும், வரிசைப்படுத்துவதும் இந்த முறையில் வரும். அத்துடன் சாத்தியமான தடைகளையும் நிச்சயமற்ற தன்மைகளையும் கருத்தில் கொள்வது எனப் பலவற்றை இங்கே கவனத்தில் கொள்ள வேண்டும். முடிவுகள் எப்படி எடுக்கப்படுகின்றன என்பதை வரும் இயல்களில் சில உதாரணங்களுடன் பார்க்கலாம்.

அதன் பிறகு முடிவெடுத்தல். தகவல்களையும் ஒவ்வொரு வரின் விருப்பங்கள் நன்மைகள், அபாயங்கள் ஆகியவற்றையும் கருத்தில் கொண்டு அவற்றை மதிப்பீடு செய்து இலக்குகளையும் புரிந்துகொண்டு முடிவெடுத்தல்.

ஒரு கேள்விக்குப் பதில் கண்டுபிடிக்கும்போது அதிகமாக எதிர்பார்க்கப்படும் முடிவு (Utility theory) என்ன என்பதைக் கருத்தில் கொண்டு விடை அளிப்பது முடிவெடுத்தலில் முதல் வகை. இரண்டாம் வகையில் ஒவ்வொரு முடி உள்ள சாதக பாதகங்களைத் தெளிவுபடுத்தி அதிலிருந்து முடிவெடுத்தல் (Decision trees).

மூன்றாவது முறை பலமுறை எடுத்த முடிவுகளில் கற்றுக் கொண்ட அனுபவத்தையும் கணக்கில் எடுத்துச் சிறந்தது எது என்று கண்டறிதல் (Reinforcement learning). குழந்தைகளுக்குக் கற்றுத் தரும்பொழுது சரியான செயலைச் செய்தால் அவர்களை ஊக்கப்படுத்துகிறோம். அதே நேரத்தில் தவறான செயல்கள் செய்தால் தண்டனை வழங்குகிறோம். காலப்போக்கில் எது செய்தால் தண்டனை கிடைக்கும் என்று புரிந்து குழந்தை வளர ஆரம்பிக்கிறது. அதேபோல் செயற்கை நுண்ணறிவில் எடுக்கும் முடிவுகள் தவறாக இருக்கும்பொழுது அது தவறு என்பதைப் புரிய வைக்கவும் சரி என்று புரிய வைக்கவும் கோட்பாடுகள் உருவாக்கப்படுகின்றன.

செயற்கை நுண்ணறிவின் அடுத்த முக்கியமான கட்டம் இயந்திரக் கற்றல், தரப் பகுப்பாய்வு (Data analytics). இயந்திரக் கற்றல் என்பது வெளிப்படையாகத் திட்டமிடப்படாமல் தரவுகள், வடிவங்கள், உறவுகளைக் கற்றுக்கொள்வதற்கான அமைப்பைப் பயிற்றுவிக்கும் செயல்முறையாகும். தானாகவே வடிவங்களை அடையாளம் காணவும் தரவுகளின் அடிப்படையில் கணிப்புகள், முடிவுகளை எடுக்கவும் இதற்குக் கற்றுக்கொடுக்கப்படுகிறது.

இந்தக் கற்றுக் கொடுத்ததலை மூன்று வகையாகப் பிரிக்கலாம். ஒன்று மேற்பார்வையின்கீழ் கற்றல் (Supervised Learning). இங்கே உள்ளீடு, அதற்கான வெளியீடு ஆகியவை தெளிவாக வரையறை செய்யப்பட்டிருக்கும். இப்படி இருந்தால், இது இப்படி இருக்கும் என்று பலமுறை சொல்லிக் கொடுப்பதன் மூலம் புதியவற்றிலிருந்து சரியான பதிலைக் கண்டுபிடிப்பது. மின்னஞ்சலில் வரும் தேவையில்லாத மின்னஞ்சல்களைக் கண்டறிவது இந்த வகையைச் சேரும். கடன் வாங்குவது, கடன் அட்டையில் பணம் செலுத்துவது என்று பணப் பரிவர்த்தனையில் ஒருவர் எவ்வாறு செயல்படுகிறார் என்பதைக் கண்டறிவது மேற்பார்வையிட்ட கற்றல் மூலம்தான்.

மேற்பார்வை செய்யப்படாத கற்றலில் (Unsupervised Learning) ஒவ்வொரு உள்ளீடுக்கும் எந்த வெளியீடு என்பது கூறப்படுவதில்லை. தனக்குக் கிடைத்துள்ள தரவுகளின் அடிப்படையில் தரவுகளுக்கும் வடிவங்களுக்கும் இடையே உள்ள ஒற்றுமை முதலான அனைத்தையும் கருத்தில் கொண்டு அதுவாகவே எது சரியான வெளியீடாக இருக்க வேண்டும் என்பதை இங்குக் கற்றுக்கொள்கிறது. பல்பொருள் அங்காடியில் எந்தப் பொருள் அதிகமாக விற்கிறது என்பதைக் கடையிலிருந்து விற்பனை செய்யப்பட்ட பொருட்களின் மூலம் கண்டுபிடிப்பது மேற்பார்வை செய்யப்படாத கற்றலுக்கு ஒரு எடுத்துக்காட்டு.

புகைப்படங்கள் போன்ற பலதரப்பட்ட தரவுகளைக்கொடுத்து அவற்றுக்கு இடையே உள்ள ஒற்றுமையைக் கண்டறிதலும் இந்த வகையைச் சேர்ந்ததாகும்.

மூன்றாவது முறையில் சுற்றுச்சூழல் பின்னூட்டம் ஆகியவற்றின் அடிப்படையில் முடிவெடுக்கப் பயிற்சி அளிக்கப்படுகிறது (Reinforcement Learning). ஒவ்வொரு முறை கொடுக்கப்படும் பதிலிலிருந்தும் சரியாகச் செல்கிறோமா என்பதை ஆராய்ந்து மேலும் தன்னை மெருகேற்றிக்கொள்ளும் முறை இது. தானியங்கியாக வாகனங்களை இயக்கும்பொழுது செய்யும் ஒவ்வொரு செயலும் சரியானதா இல்லையா என்பதை அதற்குக் கொடுக்கப்படும் பாராட்டுகள், தண்டனைகள் மூலம் கற்றுக்கொள்வது இந்த வகை. இயந்திர மனிதர்கள் சூழ்நிலைக்கு ஏற்பச் சிறந்ததொரு வழிவகையைக் கண்டறிந்து உரையாடுவதும் இந்த வகையைச் சேரும்.

முன்பே பார்த்தபடி, தரப் பகுப்பாய்வு செயற்கை நுண்ணறிவின் ஒரு முக்கியப் பகுதி. தரப் பகுப்பாய்வு நம்மிடம் இருக்கும் தரவுகளிலிருந்து புள்ளிவிவரங்களைப் பயன்படுத்தியும் இயந்திரக் கற்றலின் மூலமாகவும் தரவுகளைப் பிரித்துப் பார்க்கும் ஒரு முறையாகும். தரவுகளைச் செயலாக்குதல், தேவையில்லாத தரவுகளை நீக்குதல், தரவுகளிலிருந்து அர்த்தமுள்ள நுண்ணறிவுகளைப் பெறுவதற்குப் பொருத்தமான நுட்பங்களைப் பயன்படுத்துதல் ஆகியவை இதில் அடங்கும்.

அவற்றின் சில வழிமுறைகளில் தரவுகளைத் தரம் பிரித்தல், அதன் மூலம் வடிவங்களைக் கண்டறிதல். அடுத்ததாகப் புள்ளியல் கோட்பாடுகளைப் பயன்படுத்திக் கணிப்பை மேற்கொள்ளுதல் ஆகியவை அடங்கும்.

1950ஆம் ஆண்டில் பிரிட்டிஷ் கணிதவியலாளரும் கணினி விஞ்ஞானியுமான ஆலன் டூரிங் (Alan Turing) முன்மொழிந்த டூரிங் சோதனையானது, மனிதனிடமிருந்து பிரித்தறிய முடியாத அறிவார்ந்த நடத்தையை வெளிப்படுத்தும் இயந்திரத்தின் திறனை மதிப்பிடுவதற்காக வடிவமைக்கப்பட்ட சோதனை ஆகும். ஒரு இயந்திரம் ஒரு மனிதனுடன் உரையாடலில் ஈடுபட முடிந்தால், அவர்கள் ஒரு இயந்திரத்துடன் பேசுகிறார்களா, வேறு மனிதருடன் பேசுகிறார்களா என்பதை நம்பத்தகுந்த முறையில் பிரித்தறிய முடியாத வகையில், இயந்திரம் வடிவமைக்கப்பட்டிருந்தால் அது டூரிங் சோதனையில் வெற்றி பெற்றதாகக் கருதப்படும்.

இந்தச் சோதனையில் சாதாரணமாக நடத்தப்படும் தேர்வுபோல ஒரு மனித மதிப்பீட்டாளர் இயந்திரத்துடனும் மனிதர்களிடமும் இயல்பாக உரையாடலைத் தொடங்குவார். அவருக்குக் கிடைக்கும் பதில்கள் இயந்திரத்திலிருந்து வருகின்றனவா, அந்தத் துறையில் வல்லுனராக இருக்கும் மனிதரிடமிருந்து வருகின்றனவா என்பது அவருக்குத் தெரியாது. இந்தத் தேர்வின் முடிவில் இயந்திரம் கூறிய பதிலும் மனிதர்கள் கூறிய பதிலும் ஒன்று போல் இருந்து யார் எதைக் கூறினார்கள் என்பதைப் பகுத்தறிய முடியாத நிலையில் இயந்திரத்தின் செயல்பாடு இருந்தால் அந்த இயந்திரம் இந்தத் தேர்வில் தேர்ச்சி பெற்றதாகக் கருதப்படும்.

டூரிங் டெஸ்டில் தேர்ச்சி பெறும் இயந்திரம் உண்மையில் புரிந்துகொள்ளும், உண்மையான நினைவுகளைக் கொண்டிருக்கும் திறன் கொண்டது என்று அர்த்தமல்ல. மனித மதிப்பீட்டாளரை ஏமாற்றும் அளவுக்கு மனிதனைப் போன்ற பதில்களை இயந்திரம் உருவகப்படுத்த முடியும் என்பதை மட்டுமே இது குறிக்கிறது. மனித உரையாடலைப் பின்பற்றும் திறனின் அடிப்படையில் செயற்கைநுண்ணறிவு அமைப்புகளின் மேம்பாட்டின் அளவை மதிப்பிடுவதற்கான அளவுகோலாக டூரிங் சோதனை செயல்படுகிறது.

இந்தச் சோதனை இரண்டு நிலைகளில் நடத்தப்படுகிறது. போட்டியை நடத்துபவர்கள் உண்மையான மனிதனிடமிருந்து இயந்திரத்தை வேறுபடுத்திப் பார்க்க இயலாத நிலை முதல் போட்டியாகும். இரண்டாவது போட்டியில் இயந்திரம், மனிதனைப் போல எப்படிப் பேசுகிறது, பேசுவதை எப்படிக் காது கொடுத்துக் கேட்கிறது, சுற்றுப்புறத்தை எப்படிக் கையாளுகிறது போன்ற அனைத்துத் தரவுகளும் மனிதர்களுடன் ஒப்பிட்டுப் பார்க்கப்படுகின்றன. இந்த இரண்டு சோதனைகளிலும் இதுவரை எந்த ஒரு இயந்திரமும் தேர்ச்சி ஆகவில்லை என்பது கூடுதல் செய்தி.

இன்னும் இதுபோலப் பல சோதனைகளைத் தேவைகளுக்கு ஏற்பப் பல நிறுவனங்கள் உருவாக்கியுள்ளனர். 2007ஆம் ஆண்டில், ஆப்பிள் நிறுவனத்தின் இணை நிறுவனர் ஸ்டீவ் வோஸ்னியாக் (steve wozniak) வித்தியாசமான பேச முடியாத ரோபோக்களுக்கான சோதனையைக்கொண்டு வந்தார்.

சமையல் அறைக்குள்ளே சென்று என்னென்ன உபகரணங்கள் இருக்கின்றன என்பதை முதலில் கண்டறிய வேண்டும். அதன் பிறகு சூடான தேநீர்த் தயாரிப்பதற்குத்

தேவையான பொருட்களைக் கண்டறிந்து தேநீரை தயார் செய்ய வேண்டும். இதில் இயந்திரம் வெற்றி பெறுமா என்பது இவரது கேள்வி. என்னதான் அதிநவீன தொழில்நுட்பங்களைப் பயன்படுத்தி நிரலாக்கம் செய்தாலும் இதுபோன்ற பணிகளைச் செய்ய முடியாது என்று அவர் நினைத்தார். இதற்கான தேர்விலும் இயந்திர மனிதர்கள் வெற்றி பெறவில்லை.

அடுத்த சோதனையில் மாணவர்கள் கல்லூரிக்குச் சென்று படித்துப் பட்டம் வாங்குவது போல் இயந்திர மனிதர்கள் பாடங்களை உள்வாங்கிப் பல்கலைக்கழகத்தில் கேட்கப்படும் கேள்விகளுக்குப் பதில் அளித்துப் தேர்ச்சி பெறுகிறார்களா என்பது கணிக்கப்பட்டது.

மனிதர்களுக்கு இணையான செயற்கை நுண்ணறிவு இயந்திரம் என்று கூறும்பொழுது மனிதர்களைப் பற்றிய அறிவும் புரிதலும் அதிகரிக்க வேண்டும். நாம் எப்படி நினைக்கிறோம், ஏன் அப்படி நினைத்தோம், எதற்காக இப்படி நடந்துகொண்டோம், முடிவுகளை எடுப்பதில் ஏன் மாறுபடுகிறோம், என்ன விரும்புகிறோம், நமது மனது எப்படி மாறுகிறது, அறிவாற்றல் எப்படி எல்லாம் முடிவுகளை மாற்றுகிறது போன்ற எண்ணற்ற அம்சங்களைப் புரிந்துகொள்ள வேண்டியது அவசியம். இவற்றைத் தனித்தனியாக எந்த அளவு இயந்திர மனிதர்களால் புரிந்துகொள்ள முடிகிறது என்பதைக் கண்டறியப் பலவகையான சோதனைகள் நடக்கின்றன. இந்தத் தரவுகள் அனைத்தையும் சரியாகப் புரிந்துகொண்டு இயந்திர மனிதனுக்கு உள்ளீடாகக் கொடுக்கும் பொழுது அதன் கோட்பாடுகள் முன்னேற்றம் அடைந்து மனிதன் சிந்திப்பதைப் போன்ற நிலையை அடைய வாய்ப்பு இருக்கிறது.

5

வகைப்பாடுகள்

செயற்கை நுண்ணறிவுத் தொழில்நுட்பத்தை எவ்வாறு பயன்படுத்துகிறோம் என்பதைப் பொறுத்து அது மூன்று பிரிவுகளாகப் பிரிக்கப்படு கிறது. எந்தவிதமான செயலாக்கம் அதற்குக் கொடுக்கப்பட்டுள்ளது என்பதைப் பொறுத்து நான்கு வகையாகப் பிரிக்கலாம். முதலில் எவ்வாறு பயன்படுத்துவது என்பதைப் பற்றிப் பார்ப்போம்.

இந்த வகைப்பாட்டில் முதலில் வருவது குறுக லான நுண்ணறிவு உடைய இயந்திரங்கள் *(Artificial Narrow Intelligence)*. இதைப் பலவீனமான இயந்திரங்கள் என்று கூட அழைக்கலாம். குறிப்பிட்ட பணிகள், நோக்கத்திற்கான மிகச் சில செயல்பாடுகளைச் செய்ய மட்டும் தான் இவை வடிவமைக்கப்பட்டுள்ளன. சிரி *(Siri)*, அலெக்ஸா *(Alexa)* போன்ற மெய்நிகர் உதவியாளர்களை இந்த வகையில் சேர்க்கலாம். எனக்கு இந்தப் பாட்டைப் போட முடியுமா என்று கேட்டால் அந்த வேலையை இவை செவ்வனே செய்கின்றன.

படங்களைக் கண்டறிந்து கூறும் செயலிகளும் இந்த வகையில் சேரும். இந்த வகையான செயற்கை நுண்ணறிவைக் கடந்த பத்து வருடங்களாகப் பல துறைகளில் நாம் அறியாமலேயே பயன்படுத்தி வருகிறோம் என்பது ஆச்சரியமான செய்தி.

அடுத்த வகைப் பொது நுண்ணறிவைக் கொண்ட இயந்திரங்கள் *(Artificial General Intelligence)* முன்பு

பார்த்ததைவிட அதிகத் திறன் கொண்டவையாக இருக்கின்றன. மனிதனால் எந்த அறிவுசார் பணியையும் செய்யக்கூடிய அமைப்புகளை இந்த இயந்திரங்கள் கொண்டிருக்கும். ஆனால் இந்த வகை இயந்திரங்கள் இன்னும் முழுமையாகப் பயன்பாட்டுக்கு வரவில்லை. ஆராய்ச்சியின் இறுதிக் கட்டத்தில் இருக்கின்றன.

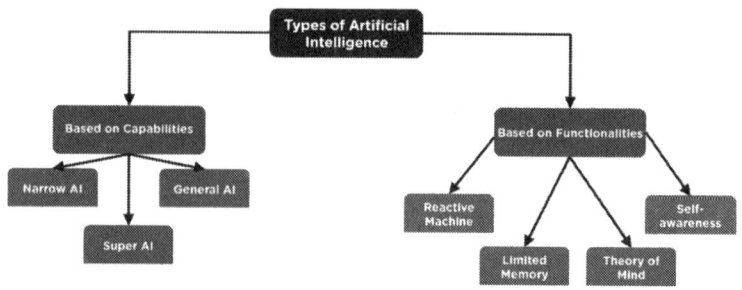

செயலாக்கத்தையும் தொழில்நுட்பத்தையும் பொறுத்து
செயற்கை நுண்ணறிவு துறையின் வகைப்பாடு.

மூன்றாவது வகை மனிதனை மிஞ்சக்கூடிய நுண்ணறிவைக் கொண்டுள்ள இயந்திரங்கள் (Artificial Super Intelligence). ஒரு துறையில் சிறந்து விளங்கும் புத்திசாலி மனிதரைக்கூடச் சில நிமிடங்களில் தோற்கடிக்கக்கூடிய திறமையைக் கொண்டுள்ள செயற்கை நுண்ணறிவு இயந்திரங்கள். எதிர்காலத்தில் இப்படிப்பட்ட இயந்திரங்கள்தான் இருக்கும் என்று அனைவரும் கற்பனை செய்கிறார்கள். எவ்வளவு காலத்தில் இந்த வகையான செயற்கை நுண்ணறிவு கொண்ட இயந்திரங்களையும் கணிப்பொறிகளையும் உருவாக்க முடியும் என்பது கேள்விக்குறிதான்.

இதுவரை நாம் பார்த்தது, திறனை அடிப்படையாகக் கொண்ட வகைப்பாடு. எந்தவிதமான கோட்பாடுகளைக் கொண்டு (learning algorithm) உருவாக்கப்பட்டுள்ளதைப் பொறுத்து வகைப்பாடுகள் மாறுபடுகின்றன.

முதலில் வருபவை எதிர்வினை இயந்திரங்கள் (Reactive machines) வகையைச் சேர்ந்தது. இவை மிகவும் அடிப்படை செயற்கைநுண்ணறிவு அமைப்புகளைக்கொண்டது. குறிப்பிட்டக் கோரிக்கைகளுக்கு மட்டும்தான் இவற்றால் செயல்பட முடியும். நினைவுகளை உருவாக்கும் திறன் இல்லை. எதிர்கால முடிவுகளைத் தெரிவிக்கக் கடந்த கால அனுபவங்களையும்

இவை பயன்படுத்துவதில்லை. கதவைத் திற என்றால் கதவை திறந்துவிடுவதை மட்டும் செய்கிறது. முன்பு என்ன நடந்தது என்பது இவற்றிற்குத் தேவை இல்லை.

இரண்டாவது வகை, வரம்பிற்குட்பட்ட நினைவகத்தைக் கொண்டவை (Limited memory). இவை எதிர்கால முடிவுகளைக் கண்டறிய கடந்த கால அனுபவங்களைப் பயன்படுத்துகின்றன. அடுத்து என்ன செய்ய வேண்டும் என்பதைத் தீர்மானிக்கும் போது அவை கடந்து வந்த செயல்களைக் கணக்கில் எடுத்துக் கொண்டு முடிவெடுக்கின்றன. தானியங்கிக் கார்களில் பொருத்தப் பட்டுள்ள வகை இவ்வகையைச் சேர்ந்தது. எங்கிருந்து வருகிறோம், எங்கே செல்கிறோம், சாலையில் யார் இருக்கிறார்கள் என்ற தரவுகள் இருந்தால்தான் சரியாக வண்டியை ஓட்டிக்கொண்டு செல்ல இயலும். வங்கியில் நடைபெறும் மோசடிகளைக் கண்டறியவும் கடந்த காலச் செயல்பாடுகள் முக்கியமாகின்றன. அதுவும் இந்த வகைப்பாட்டில் வருகிறது. இவையும் பயன்பாட்டில் இருக்கின்றன.

மூன்றாவது வகை மனிதர்களுக்கு இணையாக உள்ளவை (Theory of mind). மனிதர்கள், மற்ற உயிரினங்களின் உணர்ச்சிகள், நம்பிக்கைகள், ஆசைகளைப் புரிந்துகொள்ளக்கூடிய நிலையில் உள்ள இயந்திரங்கள்.

ஆசை ஆசையாய் இனிப்பு கேட்கும் ஒரு குழந்தைக்கு அது கிடைக்காதபோது அழத் தொடங்கும். அதுவே பதின் பருவத்தில் இருக்கும் குழந்தை ஆசையாகக் கேட்கும் இனிப்பு கிடைக்கவில்லை என்றாலும் சிறு குழந்தை போல் மனச்சோர்வு அடைவதில்லை. விளையாட்டுப் போட்டியில் கலந்து கொள்ளும் நபர் தோல்வி அடையும் பொழுது ஒவ்வொரு வரும் ஒவ்வொரு விதத்தில் சிந்திக்கிறார்கள். தோல்வி அடைந்துவிட்டோம் என்று வருத்தப்படுபவர்களும் எதனால் தோற்றுப்போனோம் என்று ஆராய்பவர்களும் இருக்கிறார்கள். செயல் ஒன்றுதான்; அதைப் பார்க்கும் விதம் நபருக்கு நபர் வேறுபடுகிறது. இதை உன்னிப்பாக அலசினால், தனிப்பட்ட மனிதர்களின் கண்ணோட்டங்களும் எண்ணங்களும் உணர்ச்சிகளும் ஒருவரிடமிருந்து மற்றொருவருக்கு வேறுபடும். இதை இயந்திரங்கள் கொண்டு புரியவைப்பது அவ்வளவு எளிதானது இல்லை.

இந்த வகை இயந்திரங்கள் ஆராய்ச்சியில் தான் இருக்கின்றன. அவ்வளவு எளிதாக மனிதனின் உணர்ச்சியைப் புரிந்துகொள்ள முடியுமா என்பது சந்தேகம்தான்.

கடைசி வரையறை செயற்கை நுண்ணறிவின் உச்சம் என்று கூறலாம். சுயமாகச் சிந்திக்கக்கூடிய கணிப்பொறிகள் (Self-aware). தங்களுடைய சொந்த எண்ணங்களையும் அனுபவங்களையும் பிரதிபலிக்கும் திறனை இவை கொண்டிருக்கும். ஏன் இந்த உலகில் வந்தோம், என்ன செய்துகொண்டிருக்கிறோம் என்று தானாகவே பல இயந்திரங்களை உற்பத்தி செய்யக்கூடிய நிலையில் இருக்கும் இயந்திரங்களை இந்த வகைப்பாட்டில் கூறுகிறார்கள். திரைப்படங்களில் இதுபோன்ற கற்பனையான கதாபாத்திரங்களைப் பார்த்திருக்க முடியும். உண்மையில் இது சாத்தியமானால், இயந்திரங்கள் மனிதனை ஆளும் நிலை வரும். கற்பனை என்றாலும் இது நிகழாது என்று அருதியிட்டு கூற இயலாது.

இரண்டு வகைகளிலும் கேட்ட கேள்விக்குப் பதில் தரும் செயற்கை நுண்ணறிவுத் தொழில்நுட்பத்தை உடைய இயந்திரங்களும் மனிதனுக்கு இணையாக இல்லாவிட்டாலும் மனிதனின் வேலையைக் குறைப்பதற்காகத் திரும்பத் திரும்பச் செய்யும் வேலைகளைச் செய்யும் இயந்திரங்களும் இப்பொழுது புழக்கத்திற்கு வந்துவிட்டன. மனிதனைப்போலச் சிந்திக்கக் கூடிய இயந்திரங்கள் ஆராய்ச்சியின் முதற்கட்டத்தில் உள்ளன.

செயற்கை நுண்ணறிவு எப்படி வேலை செய்கிறது. அதன் படிநிலைகள் என்ன என்பதை மேலும் அலசுவோம். செயற்கை நுண்ணறிவை மனித நுண்ணறிவை போல் யோசித்துப் பணிகளைச் செய்யக்கூடிய கணினி அமைப்புகளை உருவாக்குவது என்று எளிமையாக வரையறுக்கலாம். இந்தச் செயலைச் செவ்வனே செய்வதற்காகக் கணிப்பொறியில் பலவகைப்பட்ட செயல்கள் நடைபெறுகின்றன. தரவைச் செயலாக்குதல், அவற்றைப் பகுப்பாய்வு செய்தல், முடிவுகளை எடுத்தல், சிக்கல்களைத் தீர்க்கும் வழிமுறைகள் என்று இந்தச் செயல்களைக் கூறிக்கொண்டே போகலாம். செயற்கை நுண்ணறிவின் படிநிலைகளை ஒன்றன்பின் ஒன்றாகப் பார்ப்போம்.

அதில் முதலில் வருவது தரவு சேகரிப்பு எந்த விதமான செயற்கை நுண்ணறிவைக்கொண்ட அமைப்பாக இருந்தாலும் அவற்றிற்குத் தரவுகள் மிக மிக முக்கியம். கற்றுக்கொள்வதற்கும் முடிவுகளை எடுப்பதற்கும் பலவகையான தரவுகள் தேவைப்படுகின்றன. இந்தத் தரவுகள் எங்கிருந்து கிடைக்கும் என்பதைப் புரிந்துகொள்ள வேண்டும். பலவகையான உணர்வு கருவிகளிலிருந்தும் தரவுத் தளங்களிலிருந்தும் இணையத்திலிருந்தும் பயனாளர்களின் தொடர்புகள் போன்றவற்றிலிருந்தும் எண்ணற்ற தரவுகளைப் பெற முடியும்.

இவை கட்டமைக்கப்பட்ட, கட்டமைக்கப்படாத தரவுகளாக இருக்க வாய்ப்பு இருக்கிறது. தரவுகள் முக்கியத்துவத்தைச் சென்ற அத்தியாயங்களில் விரிவாக அலசி இருந்தோம். தரவுகள் கிடைத்தவுடன் இரண்டாம் நிலையில் அவற்றை முன்செயலாக்கம் *(Data Preprocessing)* செய்ய வேண்டியது முக்கியம். அதாவது கிடைத்த அனைத்துத் தரவுகளும் தேவைதானா என்பது இங்கே முடிவு செய்யப்படுகிறது. கிடைத்த தகவல்களை அடிக்கடி அலசி, ஒழுங்கமைத்துப் பகுப்பாய்வுக்குத் தயார் செய்ய வேண்டும்.

இந்தப் படியில் தரவுகளுடன் தேவையில்லாமல் கிடைத்த சத்தத்தை அகற்றுதல், நமக்குக் கிடைத்த தரவுகளில் ஏதாவது விடுபட்டுப்போயிருந்தால் அந்த இடங்களை நிரப்புதல், வேறு வேறு தளங்களில் தரவுகள் கிடைக்கப்பெற்றிருந்தால் அவை அனைத்தையும் ஒப்பீடு செய்ய ஒரே தளத்தில் மாற்றுதல் *(data normalizing)*, நாம் எந்தவிதமான கோட்பாடுகளைப் பயன்படுத்துகிறோம் என்பதைப் பொறுத்து நமக்குக் கிடைத்த தரவுகளையும் அதற்கு ஏற்றாற்போல் மாற்றுதல் போன்ற செயல்களைக் கூறலாம்.

தேவையான தரவுகள் கையில் கிடைத்தவுடன் தரவுகளை வைத்துப் பயிற்சி தர வேண்டியது *(Training Data)* அடுத்த நிலை. மேற்பார்வை இடப்பட்ட கற்றலில் எந்த விதமான உள்ளீடுக்கு எந்த விதமான வெளியீடு என்பதைத் தெளிவாக வரையறை செய்திருக்க வேண்டும். அதாவது தரவுகள் உள்ளீடு என்ன, அந்த உள்ளீட்டிற்கு என்ன வெளியீடு என்ற இரண்டு தகவல்களும் தெளிவாக அடையாளம் காணப்பட்டிருக்க வேண்டும். ஒரு படத்தைக் காண்பித்து அந்தப் படம் என்ன என்பதை விளக்க வேண்டும். அடுத்த முறை புதிதாக அதேபோன்ற படங்கள் வந்தால் தன்னிடம் இருக்கும் படங்களுடன் ஒப்பிட்டு இது இந்த வகையான படம் என்பதைக் கண்டறியும்.

எடுத்துக்காட்டாக மல்லிகைப் பூ எப்படி இருக்கும் என்பதை அதன் பல நிலைகளை உள்ளீடாகக்கொடுத்தல். அப்படிக் கொடுக்கும் பொழுது அது மல்லிகைப் பூ என்று வெளியீடாகத் தருகிறதா என்பதை உறுதி செய்ய வேண்டும். இது உறுதி செய்யப்பட்டவுடன் புதிதாக யாராவது ஒரு புகைப்படத்தைக் காண்பித்து இது என்ன பூ என்று கேட்டால் தன்னிடம் இருக்கும் படங்களிலிருந்து இது மல்லிகை பூ என்று கண்டறிந்து கூறுவதற்கு இது உதவியாக இருக்கும்.

கிடைக்கும் தரவுகளை ஒவ்வொரு குழுவாகப் பிரித்தல் (Feature Extraction) அடுத்த முக்கியமான செயலாகும். ஒவ்வொரு தரவுக்கும் எந்தவிதமான குணாதிசயங்கள் இருக்கின்றன, எவற்றை எதனுடன் சேர்க்க வேண்டும், எதை எதிலிருந்து பிரிக்க வேண்டும் என்பதை இந்த நிலையில் செய்ய வேண்டும். இப்படிச் செய்யும்போது கிடைத்த தரவுகளிலிருந்து தேவையான முக்கியமான பண்பு நலன்களை மட்டும் மிக எளிதாகப் பிரிக்க முடியும். உதாரணமாகப் பரிமாணத்தைக் குறைத்தல், படங்களை வடிகட்டுதல் போன்றவற்றைக் கூறலாம்.

தரவுகள் கிடைத்து அவற்றைப் பகுப்பாய்வு செய்து பிரித்துத் தேவையான பயிற்சிகள் கொடுத்தவுடன் எந்த வகையான கோட்பாடுகளை உபயோகிக்கிறோம் (Algorithm Selection) என்பது அடுத்த கட்டமாகும். அனைத்துச் செயற்கை நுண்ணறிவுத் தேவைகளுக்கும் ஒரே விதமான கோட்பாடுகளும் வழிமுறை களும் உபயோகப்படுவதில்லை. ஒவ்வொன்றும் வெவ்வேறு வகையான சிக்கல்களுக்கு ஏற்றதாக இருக்கும். நாம் என்ன சிக்கலைத் தீர்க்கப் போகிறோம். எந்த விதமான தரவுகளை அலசப் போகிறோம் என்பதைப் பொறுத்து இந்தக் கோட்பாடு களை முடிவு செய்ய வேண்டும்.

உதாரணமாக, எது நல்ல மோட்டார் சைக்கிள் என்பதைக் கணிக்க ஒப்பீட்டுக் கோட்பாடு தேவைப்படும். அதேபோல் நரம்பியல் நெட்வொர்க் சில இடங்களில் தேவைப்படும். பேய்சியன் (Bayesian) நெட்வொர்க்கும் சில இடங்களில் தேவைப்படும். எந்த விதமான வேலைக்குச் செயற்கை நுண்ணறிவு பயன்படுகிறது என்பதைப் பொறுத்து அல்காரிதத்தின் தேர்வு மாறிக்கொண்டே இருக்கும். சரியாகத் தேர்வு செய்யவில்லை என்றால் முடிவு களிலும் மாற்றம் இருக்கும்.

கோட்பாடுகளையும் அல்காரிதங்களையும் தேர்வுசெய்த பிறகு நாம் உருவாக்கியுள்ள செயற்கை நுண்ணறிவு எந்த அளவு சரியாக வேலை செய்கிறது என்பதை மாதிரிப் பயிற்சிகள் (Model Training) மூலம் உறுதி செய்ய வேண்டும். இந்த மாதிரிப் பயிற்சியில் கொடுக்கப்பட்டுள்ள தரவுகளைப் பயன்படுத்தி அவற்றுக்கு இடையே உள்ள தொடர்பை இவை கற்றுக்கொள் கின்றன. ஒரு தரவுக்கும் மற்றொரு தரவுக்கும் என்ன வகையான உறவு உள்ளது என்பன போன்றவை இதில் அடங்கும். தனது செயலில் ஏற்படும் பிழைகளைக் குறைப்பதன் மூலம் செயல் திறனை அதிகரிப்பதோடு சரியான முடிவை எடுப்பதையும் அது இங்கே கற்றுக்கொள்கிறது.

அடுத்த கட்டத்தில் மாதிரிகளின் மதிப்பீடு (*Model Evaluation*) முக்கியத்துவம் பெறுகிறது. பயிற்சிக்குப் பிறகு நாம் உருவாக்கியுள்ள மாதிரியின் செயல்திறன், அதன் துல்லியம், நினைவுகூர்தல், பிற தொடர்புடைய அளவீடுகளை மதிப்பிட்டுச் சரி பார்த்து எவ்வாறு செயல்படுகிறது போன்றவை கண்டறியப்படுகின்றன. இந்த மதிப்பீடு புதிய அல்லது காணப்படாத தரவுகளுக்கு நாம் உருவாக்கியுள்ள செயற்கை நுண்ணறிவு மாதிரி எவ்வாறு செயல்படுகிறது என்பதைக் கண்டறிய உதவும். இதன் மூலம் கொடுக்கப்பட்ட வேலையைச் சரியாகச் செய்கிறதா, சற்றுக் கூடுதலாகச் செய்கிறதா குறைவாகச் செய்கிறதா (*under fitting and over fitting*) என்பதைக் கண்டறிய இவை உதவும்.

இவை அனைத்தையும் செய்து கிட்டத்தட்டச் சரியாக வேலை செய்கிறது என்று முடிவு செய்தவுடன் பயன்பாட்டுக்குக் கொண்டு வர (*Model Deployment*) வேண்டும். எங்கே பயன்பாட்டுக்குக் கொண்டுவருவது என்பது அடுத்த செயல். புதிய நிகழ்நேரத் தரவுகளில் பணிகளைச் செய்யப் பயன்படுத்தலாம். ஏற்கனவே உள்ள அமைப்புகளுடன் இவற்றை ஒருங்கிணைக்கலாம்; பெரிய செயற்கை நுண்ணறிவுக் கட்டமைப்பில் ஒரு உள்கட்டமைப் பாக இந்தப் புதிய மாதிரிகள் சேர்க்கப்படலாம்.

செயற்கை நுண்ணறிவு மாதிரி தயாரிக்கப்பட்டுப் பணியில் ஈடுபடுத்தப்பட்டதும் பயனாளர் கருத்துக்கள் இதற்குக் கிடைக்க ஆரம்பிக்கும். அந்த நிஜ உலகக் காட்சிகளில் அவற்றின் செயல்திறனை இடைவிடாமல் கண்காணிக்க வேண்டும் (*Feedback and Iteration*). நாம் உருவாக்கிய மாதிரி எவ்வாறு தொடர்ந்து கற்றுக் கொள்கிறது, அதை மேம்படுத்த என்னென்ன செய்ய வேண்டும் என்பதை அப்படிக் கண்காணிப்பதன் மூலம் நம்மால் புரிந்துகொள்ள முடியும்.

எதிர்பார்த்த அளவு அதன் செயல்பாடு இல்லை; பயனாளர்களுக்குத் தேவையான தகவல்கள் கிடைக்கவில்லை என்ற சூழ்நிலையில் இந்த மாதிரிகளைச் செம்மைப்படுத்தி பயிற்சித் தரவுகளைப் புதுப்பித்து, மாறிவரும் சூழ்நிலைக்கு ஏற்ப, புதிய சவால்களுக்கு ஏற்ப அவற்றை மீண்டும் பயிற்றுவித்து அடுத்த கட்டத்திற்கு முன்னேற்ற முடியும்.

எல்லாம் செய்தாகிவிட்டது. பணிக்கு அமர்த்தியபோது இருந்த நிலையில்தான் செயற்கை நுண்ணறிவு மாதிரி வேலை செய்கிறதா என்பதை இடையிடையே உறுதிப்படுத்த வேண்டியது அவசியம் (*Ongoing Maintenance*). அவற்றின் தொடர்ச்சியான துல்லியம், நம்பகத்தன்மை, வழக்கமான பராமரிப்பு, எதை

எப்பொழுது புதுப்பிக்க வேண்டும் போன்றவற்றைக் கருத்தில் கொள்ள வேண்டும். தரவுகளின் தரத்தைக் கண்காணிப்பது இங்கே மிக மிக முக்கியம். புதிய தரவுகளுடன் அவ்வப்போது செயற்கை நுண்ணறிவுக் கணிப்பொறியைப் பயிற்சி கொடுத்துச் சரியாக இருக்கிறதா என்பதை உறுதி செய்ய வேண்டும்.

இதுவரை நாம் விவாதித்தவை பொதுவான படிநிலைகள் தான்; எந்த விதமான துறைக்குச் செயற்கை நுண்ணறிவைச் சார்ந்த கணிப்பொறியை உருவாக்குகிறோம் என்பதைப் பொறுத்து இதில் பல மாற்றங்கள் செய்ய வேண்டியிருக்கும்.

6

பயன்பாடுகள்

செயற்கை நுண்ணறிவு எங்கெல்லாம் பயன்படுகிறது என்பதைச் சுருக்கமாக இந்த அத்தியாயத்தில் பார்க்கலாம்.

மனித மொழிகளைப் புரிந்துகொள்ளுதல்
(Natural language processing)

நாம் ஒவ்வொருவரும் ஒவ்வொரு மொழியில் பேசுகிறோம். ஆங்கிலம் தெரியாதவரிடம் ஆங்கிலத்தில் பேசினால் அவருக்குப் புரியாது. தமிழ் தெரியாதவரிடம் தமிழில் பேசினால் அவருக்குப் புரியாது. அதேபோல் நாம் பேசும் மொழி கணிப்பொறிக்குப் புரியும் வகையில் இருக்க வேண்டும். அதைப் புரிந்துகொண்டு கணிப்பொறி செய்ய வேண்டிய அனைத்து வேலைகளையும் அதன் மொழியிலேயே செய்து முடித்துச் சிக்கலுக்குத் தீர்வு கண்டவுடன் அதைத் திரும்ப மனிதனுக்குத் தெரிவிக்க அவனுக்குத் தெரிந்த மொழியில் சொல்ல வேண்டும். உதாரணத்திற்கு IBM Watson என்ற கணிப்பொறி மனிதர்களின் கேள்விகளுக்குப் பதில் தருவதைச் சொல்லலாம்.

ஒரு ரயில் நிலையத்திற்குச் சென்றால் அங்கே உதவுவதற்காக ஒருவர் அமர்ந்திருப்பார். நாம் கேட்கும் கேள்விகளுக்குப் பதில் அளிப்பார். தொலைபேசியில் வாடிக்கையாளர் சேவை மையத்தை அழைத்தால் நாம் என்ன கேள்வி கேட்கிறோம் என்பதைப் பொறுத்துப் பதில் கூறுவதற்காக ஒருவர் பேசுவார். இப்பொழுது எந்த மாதிரியான சந்தேகங்கள் வாடிக்கையாளர்கள்

கேட்பார்கள் என்பதை அறிந்து அதற்குத் தேவையான பொத்தான்களை அழுத்துமாறு கேட்கும் வழிமுறை உள்ளது.

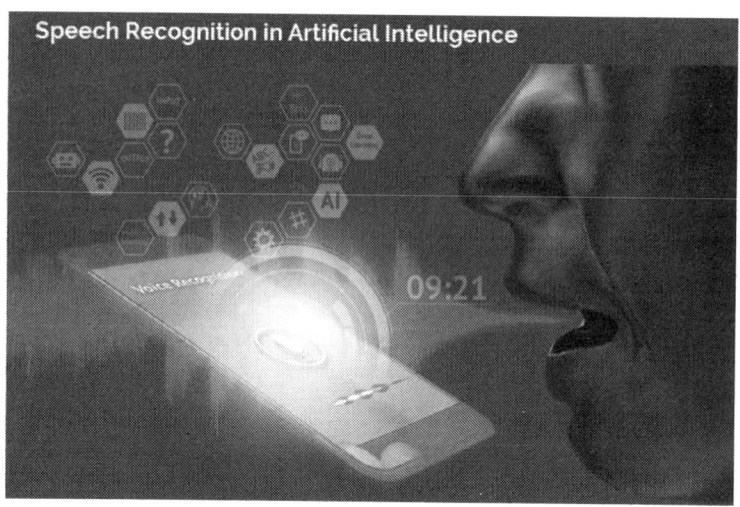

மனித மொழிகளை எளிதில் புரிந்துகொண்டு இயந்திர மொழிகளுக்கு மாற்றுவதில் செயற்கை நுண்ணறிவு திறமை வாய்ந்தது.

அங்கே செயற்கை நுண்ணறிவு தேவையில்லை. அது குறிப்பிட்ட கேள்விகளுக்கு என்ன பதில் என்பதைச் சேமித்து வைத்திருக்கும். அதிலிருந்து மட்டும்தான் நமக்குப் பதில்கள் கிடைக்கும். ஆனால் செயற்கை நுண்ணறிவில் நாம் கேட்கும் கேள்விகளைப் புரிந்துகொண்டு அதற்குத் தக்க பதில்களைத் தன்னிடம் இருக்கும் தரவுகளைப் பயன்படுத்திக் கூற வேண்டும். சில கேள்விகளுக்கு நேரடியாகப் பதில் இருக்கலாம். சிலவற்றிற்குத் தனது முடிவெடுக்கும் திறனை பயன்படுத்திப் பதில் கூற வேண்டி இருக்கும்.

உதாரணத்திற்குப் பேசும்பொழுது தட்டச்சு செய்யும் முறையை (Voice typing) கவனிப்போம். நான் இப்பொழுது தமிழில் பேசப் போகிறேன்; நான் பேசுவதைத் தட்டச்சு செய் என்று கூறுகிறேன். தமிழ் என்ற மொழி இருப்பதைப் பற்றிக் கணிப்பொறிக்குத் தெரிவதில்லை. நான் எந்த மொழியில் பேசுகிறேன் என்பதை முதலில் கூறிவிட வேண்டும். அப்படிக் கூறும் பொழுது அந்த மொழியில் சத்தம் எப்படி வரும் என்பது கணிப்பொறிக்குத் தெரியும். எந்த மாதிரி சத்தம் வந்தால் எந்த எழுத்தை எழுத வேண்டும். எந்த எழுத்திற்கு எந்தச் சத்தம் என்பதைத் தெளிவாகப் புரிந்திருக்கும். அதற்கான உள்ளீடுகள் அதற்கு ஏற்கெனவே தரப்பட்டிருக்கும்

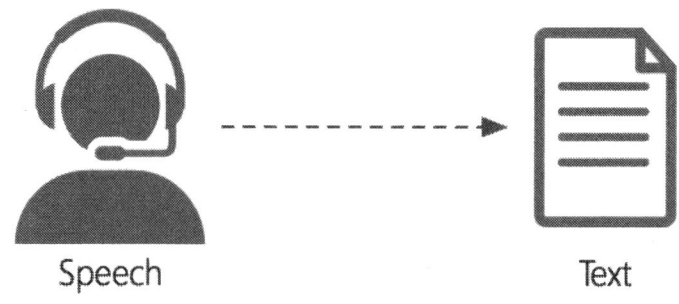

மொழியைப் பற்றித் தெரியவில்லை என்றாலும் சத்தம் என்ற தரவைப் பயன்படுத்தி நாம் பேசுவதை எளிதாக அச்சடித்துவிடுகிறது செயற்கை நுண்ணறிவுத் தொழில்நுட்பம்

இப்பொழுது "என்னைக் கையைப் பிடித்து இழுக்காதே" என்று கூறினால் முதலில் எழுதிய வார்த்தை அடுத்து வரும் வார்த்தைகளுக்குக் கோவையாக வருகிறதா, அது தேவையான ஒரு செய்தியை உருவாக்குகிறதா என்பதைக் கண்காணிக்கிறது. ஒருவேளை தவறாக எழுதிவிட்டால் நான்காவது ஐந்தாவது வார்த்தை எழுதும்போது முதல் வார்த்தையைத் திருத்தி அந்த வார்த்தை அங்கே வந்தால்தான் அடுத்து வரும் வார்த்தைகள் சரியாக இருக்கும் என்று மாற்றி விடுகிறது. "என்னை விடுங்கள்" என்பதற்கும் "கைப்பேசி எண்ணைத் தெரிவியுங்கள்" என்பதற்கும் எந்த "ந/ன/ண" போட வேண்டும் என்பதை எளிதில் தனது சிக்கலைத் தீர்க்கும் முறையைப் பயன்படுத்திக் கண்டறிகிறது.

பெயர்களைக் கண்டறிதல், மக்கள், இடங்கள் நிறுவனங்கள், தேதிகள் போன்ற தரவுகளிலிருந்து நிறுவனங்களை அடையாளம் கண்டுகொள்ளும் செயல்முறை.

இனிமேல் பதில் கூறுவதற்கு உதவியாளர்கள் தேவை யில்லை. அதற்குப் பதிலாக ரோபோக்களை வைத்துவிடலாம். இந்த இயந்திர மனிதர் உதவியாளரைவிட மிகவும் அருமை யாகப் பேசுவார். யாரிடமும் கோபப்பட மாட்டார். 24 மணி நேரமும் வேலை செய்வார். சொல்ல வேண்டிய அனைத்துச் செய்திகளையும் அவருடைய கணிப்பொறியில் ஏற்றிவிட்டால், அந்தச் செய்திகள் எந்தப் பக்கத்தில் இருந்தாலும் அதை அழகாக எடுத்துக் கேள்விக்குப் பதில் கூறிவிடுவார். அப்படிக் கேட்ட கேள்விக்குச் சரியான பதில் அதில் இல்லை என்றால் இதுவரை முன்பு கேட்ட மனிதர்களுக்கு எப்படிப் பதில் கூறினோம். அவர்கள் அதற்குச் சரியாக இருக்கிறதா இல்லையா என்பதைத் தெரிவித்தார்கள் எனப் பலவற்றை வைத்து எல்லாக் கேள்விகளுக்கும் பதில் கூறிவிடுவார்.

மொழி மாற்றம் செய்தல் (translation): தமிழில் எழுதிய புத்தகத்தை ஆங்கிலத்தில் மொழிமாற்றம் செய்யக் கூறினால் பல மாத உழைப்புத் தேவைப்படும். அதே நேரத்தில் செயற்கை நுண்ணறிவு இடம் கொடுத்தால் எந்த மொழியிலிருந்து எந்த மொழிக்கும் வேண்டுமென்றாலும் மாற்றிவிடும். இந்த வாக்கியம் வந்தால் இப்படித்தான் இருக்கும் என்று மாற்றுகிறது. ஒரு மொழிபெயர்ப்பாளரின் அளவுக்கு இந்தத் துறை இப்பொழுது தேர்ச்சி பெறவில்லை. என்றாலும் மிக விரைவில் அந்த இடத்தைப் பிடித்து விடும்.

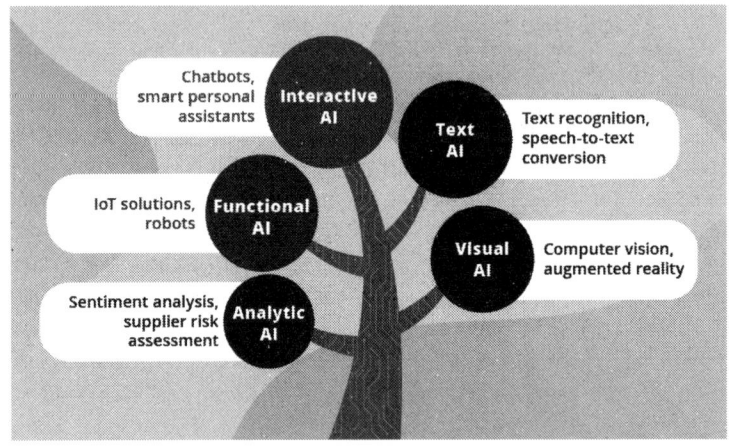

இன்று செயற்கை நுண்ணறிவு உபயோகப்படுத்தும்
பல துறைகளின் வகைப்பாடு

கணினிப் பார்வை (computer vision)

தரவுகள் என்பது எண்கள் மட்டுமல்ல. அவை படங்களாகவும் இருக்கலாம், கணித எண்களாகவும் இருக்கலாம். கணிதச் சூத்திரங்களாகவும் வடிவங்களாகவும் இருக்கலாம். பிம்பங்களாகவும் இருக்கலாம் என எல்லாவற்றையும் தரவுகள் என்றுதான் கூறுகிறோம். அந்தத் தரவுகள் ஒவ்வொன்றும் அதன் தன்மைக்கு ஏற்ப மாறுபடும். ஒரு படத்தைக் கொடுத்து அந்தப் படத்தில் உள்ள செய்திகளை வாக்கியங்களாக எழுத வேண்டும் என்றால் கணிப்பொறி எளிதில் எழுதிவிடும். அதைப் படச் செயலாக்கம் என்று கூறுகிறோம். ஒரு படத்தில் தேவையான செய்திகளை மட்டும் எடுத்துக்கொள்ளுதல். தேவையில்லாதவற்றை நீக்கி விடுதல். படத்தை மெருகேற்றிப் புரிந்துகொள்ளும் வகையில் மாற்றுதல்.

அதேபோல் இது என்ன பொருள் என்று முடிவு செய்ய அதைப் புகைப்படம் எடுத்தவுடன் புகைப்படம், வீடியோவில்

உள்ள பொருட்களை எந்த வகையானப் பொருட்கள் என அடையாளம் கண்டறிந்து கணிக்கிறது. உங்கள் முகத்தை நீங்களே புகைப்படம் எடுக்கும்பொழுது (செல்பி) ஆணா, பெண்ணா, முகம் எப்படி இருக்கிறது, நரைத்துவிட்டதா தோளில் சுருக்கம் உள்ளதா என்று பலவற்றை அலசி ஆராய்ந்து உங்கள் வயதைக் காட்டுகிறது.

பட வகைப்பாடு படத்தின் உள்ளடக்கத்தின் அடிப்படையில் அதன் வகையைப் பிரிக்கும் செயல்முறையாகும். ஆழ்ந்த கற்றல் தொழில்நுட்பத்தில் எந்த வகையான படம் அதை எங்கே ஒப்பிட வேண்டும் என்று முடிவு செய்யப்படுகிறது.

முக அங்கீகாரம் என்பதை ஒரு மனிதன்போல் வேறு யாராவது இருக்கிறார்களா என்று கண்டுபிடிக்கப் பயன்படுத்துகிறார்கள். ஒரு திருடனைப் பிடிக்க வேண்டும் என்றால், ஒரு நகரத்தின் பல பகுதிகளில் வைக்கப்பட்டுள்ள கேமராவின் வழியாக, அந்தத் திருடன் குறிப்பிட்ட சாலையைக் கடந்து இருக்கிறான் என்று எளிதில் கண்டறிந்து கூறிவிடும். அதற்குத் திருடனின் முகத்தை முதலில் பதிவேற்றம் செய்ய வேண்டும். அதைப்போல யாராவது வந்தால் உடனடியாகக் கண்டறிந்து சைகை கொடுத்துவிடும்.

கணினிப் பார்வை தானாக இயங்கும் வாகனங்களுக்கு இன்றியமையாத அங்கம். நிகழ்நேரத்தில் வாகனத்தின் சுற்றுப்புறங்களைக் கண்டறிவதற்கும் அதிலிருந்து கிடைக்கும் செய்திகளுக்கு எதிர்வினையாற்றுவதற்கும் இது உதவுகிறது. பொருளைக் கண்டறிதல், பாதையைக் கண்டறிதல், பாதசாரிகளைக் கண்டறிதல் போன்றவை இதில் அடங்கும்.

கார் ஓட்டிச் செல்பவர் தொலைதூரத்தில் ஒரு முதியவர் சாலையைக் கடக்கிறார் என்றால், பல நூறு மீட்டர்களுக்கு முன்பாகவே காரின் வேகத்தைக் குறைக்கிறார். சிக்னல் விழுந்துவிட்டது என்றால், வண்டியின் வேகத்தைக் குறைத்து நிறுத்துகிறார். இப்படி ஒரு ஓட்டுநர் என்ன செய்வாரோ அதைவிட ஓட்டுநர் கண்களுக்குத் தெரியாத தரவுகளையும் காரைச் சுற்றியுள்ள காரில் பொருத்தப்பட்டுள்ள உணர் கருவிகளைப் பயன்படுத்திக் காரை எப்படி இயக்க வேண்டும் என்பதைச் செயல்படுத்துகிறது.

மருத்துவத் துறையில் எடுக்கப்படும் படங்களுக்குச் செயற்கை நுண்ணறிவு மிகுந்த பயனளிக்கிறது. எக்ஸ்ரே படங்கள், எம்ஆர்ஐ படங்கள், சிடி ஸ்கேன் செய்யும்போது கிடைக்கும் படங்களைப் பகுப்பாய்வு செய்து என்ன பிரச்சினை என்பதை இதன் மூலம் எளிதில் கண்டறிய முடியும்.

உடல்நிலை சரியில்லை என்று மருத்துவரைப் பார்க்கிறீர்கள். மருத்துவர் முதலில் நாடி பிடித்துப் பார்க்கிறார். கண், காது, மூக்கு எப்படி இருக்கிறது என்று பார்க்கிறார். சிறந்த மருத்துவராக இருந்தால் அவருடைய அனுபவத்திலிருந்து இந்தத் தரவுகளை வைத்து இந்த நோயாக இருக்க வாய்ப்பு இருக்கிறது என்று முடிவுக்கு வருகிறார். இந்தத் தரவுகள் எதுவும் தெளிவாக இல்லை, இதை வைத்து முடிவுக்கு வர இயலாது என்ற நிலையில் அடுத்ததாக ரத்தப் பரிசோதனை செய்துவர கூறுகிறார்.

ரத்தத்தில் கலந்துள்ள மூலக்கூறுகள் ஏதாவது மாறி யிருக்கின்றனவா என்பதை வைத்து எந்த நோய் ஏற்பட்டால் இதுபோன்ற மாற்றம் ஏற்படும் என்பது அடுத்த கட்ட பரிசோதனையில் கண்டறியப்படுகிறது. எந்த உறுப்பு பாதிக்கப் பட்டால் ரத்தத்தின் மூலக்கூறுகள் மாறுகின்றன என்று தெரிந்தால், அந்த உறுப்பைப் பற்றி ஆராய எக்ஸ்ரே, சிடி, எம்ஆர்ஐ போன்ற பிம்பங்கள் எடுக்கப்படுகின்றன. அந்தப் பிம்பங்களை ஆழ்ந்து அலசும்போது எந்தவிதமான நோய் என்று கண்டறி கிறார்கள். இதில் பரிசோதனை செய்யும் கருவியைவிட அந்தப் பரிசோதனை முடிவுகளையும் பிம்பங்களையும் ஆராயும் மருத்துவரின் அனுபவம் முக்கியத்துவம் பெறுகிறது.

தவறுதலாக அவர் எதையாவது பார்க்காமல் விட்டு விட்டால் அவர் முடிவில் மாற்றம் ஏற்படலாம். சில சமயம் எல்லாம் நன்றாக இருக்கிறது, எந்தப் பிரச்சினையும் இல்லை என்று தவறாகப் புரிந்துகொள்ளவும் வாய்ப்பு இருக்கிறது. இவை அனைத்தையும் மிக எளிதில் செயற்கை நுண்ணறிவைக் கொண்டு செய்ய இயலும். இன்றைய நவீன கைக்கடிகாரம், ரத்த துடிப்பு, உடலில் உள்ள ஆக்சிஜனின் அளவு, மன அழுத்தம், எவ்வளவு கலோரி ஆற்றல் செலவு செய்யப்பட்டுள்ளது எவ்வளவு தூரம் நடந்துள்ளோம் போன்ற பல காரணிகளைக் கண்டறியும் வகையில் உருவாக்கப்பட்டுள்ளது.

அதேபோல் மருத்துவமனையில் கால் வைத்த உடனே உடலிலிருந்து மாதிரிகள் ஏதும் எடுக்காமல் உடல் வெப்பநிலை, ஆக்ஸிஜன் அளவு போன்ற பல தரவுகளைக் கண்டறிந்து என்ன விதமான நோய் இருக்க வாய்ப்பு இருக்கும் என்பதைக் கணிப்பொறி எளிதில் கண்டறிந்துவிடும். நோயாளியின் உடலிலிருந்து எடுக்கப்படும் ஒவ்வொரு செய்தியையும் கூர்ந்து கவனித்து எந்த நோய் என்று அலசி ஆராய்ந்து அறிவுரை வழங்கும் அளவிற்கு வந்துவிடும். நரம்பு நிபுணர் நரம்பைப் பற்றி மட்டும்தான் பேசுவார். உடலில் ஒரு உறுப்பு பழுதடைவதால் மற்ற உறுப்புக்களுக்கு என்ன பாதிப்பு வருகிறது என்பதை மருத்துவர்கள் கண்டறிவதற்கு முன்பாகத் தரவுகளை வைத்துச் செயற்கை நுண்ணறிவால்

கண்டுபிடிக்க இயலும். பல நோயாளிகளுக்கு என்ன நடந்தது என்ற தரவுகளைத் தன்னகத்தே வைத்துள்ள இந்தத் தொழில் நுட்பம் புதிதாக ஒருவருக்கு அதே போன்ற பிரச்சினை வர ஆரம்பித்தால் தனக்கு முன்பே தெரிந்த தரவுகளுடன் ஒப்பிட்டு ஆய்வுசெய்து ஒற்றுமைப்படுத்தித் தர்க்கரீதியாக இந்த நோயாகத்தான் இருக்கும் என்று கண்டறிந்துவிடும்.

இயந்திர மனிதன்

தானியங்கி இயந்திர மனிதர்கள் பல துறைகளில் பணியாற்ற தொடங்கிவிட்டன. தொழில்துறையிலும் அன்றாட அமைப்புகளிலும் எண்ணிலடங்காத பணிகளை இந்த இயந்திர மனிதர்கள் செய்வது குறிப்பிடத்தக்கது. செயற்கை நுண்ணறிவில் சிக்கல்களுக்குத் தீர்வு கண்டறிந்து வெறுமனே கணிப்பொறி மூலம் தட்டச்சு செய்துகொடுப்பதைவிட ஒரு இயந்திர மனிதரை நிறுத்தி நேரடியாகப் பேதம்பொழுது வாடிக்கையாளர்கள் மனிதனுடன் பேசுவது போன்ற உணர்வை அடைவார்கள்.

இயந்திர மனிதனில் பொருத்தப்பட்டுள்ள கேமராக்கள், உணர்வுக் கருவிகள் போன்றவற்றைப் பயன்படுத்தித் தன்னைச் சுற்றியுள்ள சூழலைத் தெளிவாகப் புரிந்துகொள்ளவும் எந்த விதமான பொருட்கள் இருக்கின்றன, செல்ல வேண்டிய இடத்துக்கு எப்படிச் செல்ல வேண்டும். செய்ய வேண்டிய வேலையை எப்படிச் செய்ய வேண்டும் என்றும் அவை புரிந்து கொள்கின்றன. வெறுமனே கொடுத்த உள்ளீடை வைத்துப் பணியைச் செய்யாமல் தனக்குக் கிடைத்த தரவுகளைப் பகுத்தறிந்து வேலை செய்ய வைக்க முடிகிறது.

கார் தயாரிக்கும் நிறுவனத்தில் ஒவ்வொரு காராக வரும் போது அதன் சக்கரத்தை மாற்ற வேண்டும் என்று வைத்துக் கொள்வோம். இயந்திர மனிதர்களால் சக்கரத்தை மாட்டிவிட முடியும். ஆனால், வேறு வேறு கார்கள் வரும்பொழுது தவறுதலாக ஏதாவது சக்கரம் மாறியிருந்தால் இது இந்தக் காருக்கு வரவேண்டிய சக்கரம் இல்லையே என்று செயற்கை நுண்ணறிவால் உருவாக்கப்பட்ட ரோபோ கூறிவிடும். இயந்திர மனிதனின் செயல்பாடுகளை முன்னேற்றுவதில் செயற்கை நுண்ணறிவு முக்கியப் பங்கு வைக்கிறது.

2010ஆம் ஆண்டு சர்வதேச விண்வெளி நிலையத்துக்கு விண்வெளி மனிதர்கள்போல் இயந்திர விண்வெளி மனிதர்கள் (Robonaut-2) அனுப்பிவைக்கப்பட்டனர். சர்வதேச விண்வெளி நிலையத்தில் தங்கி ஆராய்ச்சிகள் செய்யும் விண்வெளி மனிதர்கள் தங்கள் ஆராய்ச்சிகளுடன் பல வகைப்பட்ட பராமரிப்புப்

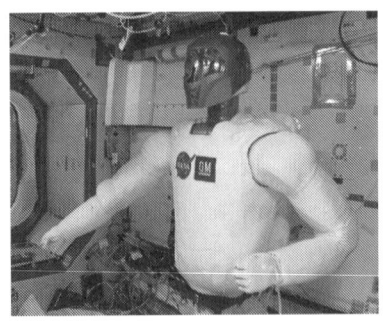
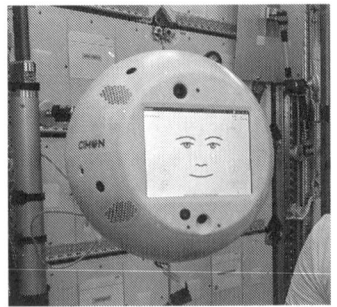

சர்வதேச விண்வெளி நிலையத்தில் பணியமர்த்தப்பட்ட இயந்திர விண்வெளி மனிதர்கள் (Robonaut-2, CIMON (Crew Interactive Mobile companion))

பணிகளையும் செய்ய வேண்டியிருக்கும். தரவுகளைச் சேகரித்தல், சுத்தம் செய்தல் என்று பலவற்றைக் கூறலாம். இந்த வேலைகளை எளிதாகச் செய்யவும் விண்வெளி மனிதர்களுக்கு உதவும் இந்த இயந்திர விண்வெளி மனிதன் அனுப்பப்பட்டான். இதில் 350 உணர்வுக் கருவிகள் பொருத்தப்பட்டுள்ளன. இதன் மூலம் பல வகையான பணிகளை இதனால் செய்ய இயலும். விண்வெளி மனிதர்களின் மேற்பார்வை இல்லாமல் தானியங்கியாகவே இயங்கக்கூடிய வகையில் இது உருவாக்கப்பட்டது. எதிர்காலத்தில் இந்த வகை இயந்திர விண்வெளி மனிதர்கள் நிலா போன்ற கோள்களில் இறங்கவும் வாய்ப்பு இருக்கிறது.

பொம்மை வடிவில் உருவாக்கப்பட்ட ஜப்பானிய இயந்திர மனிதன். 34 சென்டிமீட்டர் உயரம் மட்டும் கொண்ட இந்த இயந்திர விண்வெளி மனிதன், சர்வதேச விண்வெளி நிலையத்தில் இருந்தபோது விண்வெளி மனிதர்களின் மனநிலையை அறிந்து அவர்களுடன் குழந்தைபோல் உரையாடியது.

விளையாட்டு, பொழுதுபோக்கு

பொழுதுபோக்குத் துறையில் குழந்தைகளுக்கு மட்டுமல்லாமல் பெரியவர்களுக்கான விளையாட்டை உருவாக்குவதிலும் நினைத்துப் பார்க்க முடியாத மாற்றத்தை உருவாக்கியுள்ளது. திரைப்படத்தைப் பார்க்கும்பொழுது அதில் வரும் கதாபாத்திரங்கள் அனைத்தும் நாம் நினைத்தபடியே வந்தால் படம் சலிப்பூட்டுகிறது என்று பார்க்காமல் வந்து விடுவோம். ஒரு புத்தகத்தைப் படிக்கும்போதும் அடுத்த பக்கத்தில் என்ன இருக்கும் என்று தெரிந்தால் சுவாரஸ்யம் குறைந்துவிடும்.

பொதுவாகக் கணிப்பொறியிலும் கைப்பேசியிலும் விளையாடும் விளையாட்டுக்கள் ஒரு சில நாட்கள் விளையாடிய வுடன் அது எப்படி இருக்கும் என்று தெரிந்து விடுவதால் சலிப்பு உண்டாகிவிடும். அந்தச் சலிப்பு விளையாட்டை ஒரே

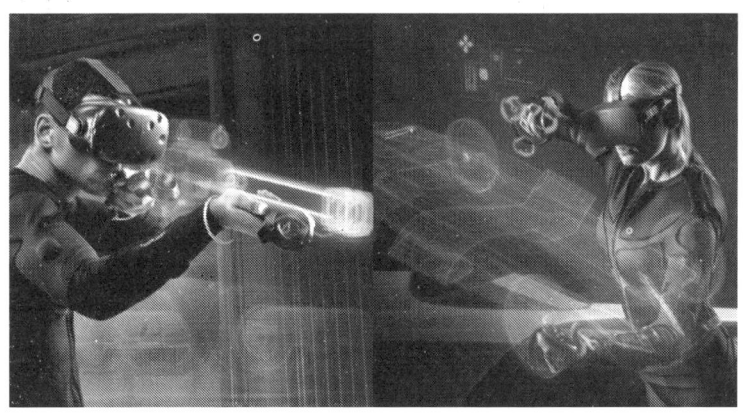

பொழுதுபோக்குத் துறையிலும் மெய்நிகர் தொழில்நுட்பத்திலும் செயற்கை நுண்ணறிவின் ஆற்றல் அளவிட முடியாதது.

மாதிரி விளையாடுவதனால் உருவாவது. ஆனால், செயற்கை நுண்ணறிவில் விளையாடும் நபருக்கு ஏற்பப் பல திருப்பங்களை உருவாக்க முடியும். இந்த சுவாரஸ்யமான திருப்பங்கள் நாம் நினைத்துப் பார்க்க முடியாத அளவு இருக்கும்.

விளையாட விளையாட நமது விளையாட்டின் திறமைக்கு ஏற்ப அதன் சுவாரசியம் அதிகரித்துக்கொண்டே போகும். ஒருவர் விளையாடும்போது அவருக்குக் கொடுத்த சவால்கள் மற்றொருவருக்குக் கொடுக்கப்படுவதில்லை. மேலும் நீங்களே மீண்டும் மீண்டும் விளையாடினாலும் உங்களுக்கு உற்சாகத்தை

உருவாக்கும் வகையில் உங்களுடைய மன ஓட்டத்தை அறிந்து செயற்கைநுண்ணறிவால் விளையாட்டின் தன்மையையே மாற்ற இயலும். அதேபோல் விளையாட்டில் வரும் கதாபாத்திரங் களை நமது கற்பனைக்கு ஏற்ப உருவாக்கிக்கொள்ளலாம்.

பொழுதுபோக்குச் சாதனங்களில் மெய்நிகர் காணொளி என்பது நாம் ஒன்றைப் பார்க்கவில்லை என்றாலும் அதைப் பார்ப்பது போன்ற உணர்வை உருவாக்கும் அமைப்பு. கண்ணில் ஒரு கண்ணாடியை மாட்டிக்கொண்டால், எல்லா நுணுக்கங்களையும் பார்த்து அனுபவிக்க இயலும். நீங்கள் நண்பருடன் சுற்றுலா செல்லாவிட்டாலும் நண்பர் பார்க்கும் இடங்களை விவரித்து அதுபோன்ற ஒரு இடத்தை உருவாக்கிக் காட்டுமாறு கூறினால் செயற்கை நுண்ணறிவால் அதற்கு இணையான இயற்கைக் காட்சிகளை உருவாக்கிக் காட்ட முடியும்.

மாணவர்கள் பாடங்களைக் கற்பதற்கும் எளிதாக விளக்கு வதற்கும் இது உதவும். மருத்துவர்கள் நோயைப் புரிந்துகொள்ள உதவும். "ஒரு படம் ஆயிரம் வார்த்தைகளுக்குச் சமம்" என்ற பழமொழி மாறி, செயற்கை நுண்ணறிவு வழங்கும் "மெய் நிகர் படங்கள் பல லட்சம் வார்த்தைகளுக்குச் சமம்" என்ற நிலை உருவாகியுள்ளது.

வணிகம், நிதித் துறைகளில் பயன்கள்

அமெரிக்காவில் ஒரு வங்கியில் பணிபுரிந்த ஊழியர் அந்த வங்கி வாடிக்கையாளர்களின் கணக்கிலிருந்து மாதம் ஒரு முறை 0.02 டாலத் தன்னுடைய வங்கிக் கணக்கிற்கு வருமாறு மாற்றி வைத்துக்கொண்டார். ஒரு டாலரில் ஐம்பதில் ஒரு பங்கு என்பதால் பணம் குறைவதை யாரும் கவனிக்கவில்லை. பல ஆயிரம் மக்களிடமிருந்து பணத்தைப் பெற்றதால் அவருக்குக் கணிசமான பணம் கிடைத்தது. 20 ஆண்டுகளுக்கு மேல் இதுபோன்ற திருட்டை அவர் செய்துகொண்டிருந்தார். இது நடந்தது 30 ஆண்டுகளுக்கு முன்பாக.

இன்று ஒவ்வொரு வாடிக்கையாளரும் செய்யும் பணப் பரிவர்த்தனைகளைச் செயற்கை நுண்ணறிவைக்கொண்டு ஆராய்ந்தால் யாரெல்லாம் மோசடி செய்கிறார்கள் என்பதை மிக எளிதில் கண்டறிந்துவிடலாம். வருமான வரித்துறை அதிகாரி வருமானம் கட்டாமல் லட்சக்கணக்கான பணத்தை வைத்திருப்பவர் யார், செலவு செய்பவர் யார் என்று கேட்டால் பொத்தானை ஒரு தட்டுத் தட்டினால் அவர்களுடைய பெயரைக் கூறி விடும். அதேபோல் நிதித்துறை சம்பந்தமாகக் கேட்கப்படும்

சந்தையின் மாற்றத்தை அறிந்துகொள்ள ஒவ்வொரு தரவையும் ஒன்றுடன் ஒன்றை பொருத்திப் பார்க்க வேண்டியது மிகவும் அவசியம்

பல கேள்விகளுக்கு மிக எளிதில் பதில் சொல்வதற்கு இந்தத் துறை பயன்படுகிறது. பங்குச் சந்தை எவ்வாறு செயல்படுகிறது என்பதை அலசி ஆராய்ந்து நிபுணர் கூறுவதைப் போல் எளிதாகக் குறிப்பிடும்.

முன்பே நாம் பார்த்த தெளிவற்ற தரவுகளைப் பயன்படுத்தி நிகழ்தகவின் உதவியுடன் எது நிகழ சாத்தியக்கூறு அதிகம் என்பதை அறிவது, முதலீடு செய்வதற்குத் தேவையான ஒன்றாகும். அதை மிக நுட்பமாக ஆராய்ந்து செயற்கை நுண்ணறிவு தொழில்நுட்பத்தில் கண்டுபிடிக்க முடியும். மோட்டார் வாகனத் துறையில் பணத்தை முதலீடு செய்யலாமா, பெட்ரோல் டீசல் ஆகியவை இன்னும் எத்தனை ஆண்டுகள் இருக்கும். உலகில் மின்கலங்களால் இயங்கும் வாகனங்களின் வரத்து எப்படி இருக்கிறது. இந்த வாகனங்கள் எத்தனை ஆண்டுகள் விற்கும். இது சரியானதாக இருக்குமா அல்லது பேட்டரி வண்டிகள் தயாரிக்கும் நிறுவனத்தில் முதலீடு செய்யலாமா என்று அனைத்து சாதகப் பாதகங்களையும் ஆராய்ந்து எது சிறந்த முதலீடாக இருக்கும் என்பதைத் தெளிவுபடுத்தும்.

முன்புபோல் ஒரு கணக்கைத் தொடங்குவதற்கு வங்கியில் சென்று மணிக்கணக்கில் காத்திருக்க வேண்டிய அவசியம் இருக்காது. நீங்கள் கணக்கைத் தொடர வேண்டும் என்றால்

வீட்டிலிருந்து வங்கிக் கணக்கை உருவாக்கிக்கொள்ளலாம். அதற்குப் பின்னால் கேட்கப்படும் கேள்விகளுக்கு நீங்கள் பதிலளிக்க வேண்டும். உங்கள் தரவுகளை வைத்து நீங்கள் எப்படிப்பட்ட ஆள், நீங்கள் கூறுவது சரியான தகவலா, முன்பு ஏதாவது வங்கியில் பிரச்சினை செய்துள்ளீர்களா என்று அனைத்தையும் ஆராய்ந்து கூறிவிடும். ஒரு பிரச்சினையும் இல்லை என்றால் உடனடியாக வங்கிக் கணக்கை ஆரம்பித்துக் கொடுத்துவிடும்.

7

2050 எப்படி இருக்கும்

இந்தத் தொழில்நுட்பம் வளர்ந்து அடுத்த நிலையில் காலெடுத்து வைக்கும்போது நாம் எண்ணிப் பார்க்க முடியாத பல மாற்றங்களைக் காண முடியும் அவை என்ன என்பதை ஒவ்வொன்றாகப் பார்க்கலாம்.

விவசாயி மதிப்பெண்

வங்கிக்குச் சென்று ஏதாவது தேவைக்காகக் கடன் கேட்டால், நாம் யார் என்று முதலில் அவர்களுக்குத் தெரிய வேண்டும். நீங்கள் எவ்வளவு சம்பளம் வாங்குகிறீர்கள். எவ்வளவு சொத்து வைத்திருக்கிறீர்கள் என்பதைவிட உங்களுடைய சிபில் மதிப்பெண் எவ்வளவு என்பதைப் பரிசோதிக்கிறார்கள்.

இந்த மதிப்பெண், பணப் பட்டுவாடாவில் நீங்கள் எப்படி இருக்கிறீர்கள் என்பதைத் தெரிவிக்கிறது. எத்தனை முறை கடன் வாங்கி யுள்ளீர்கள். வாங்கிய கடனை எத்தனை முறை தவறாமல் செலுத்தியுள்ளீர்கள். கடன் அட்டை பயன்பாட்டில் உங்கள் நிலை என்ன, உங்களை நம்பலாமா என்பன போன்ற அனைத்துத் தரவுகளையும் பரிசீலனை செய்கிறது. கடன் எவ்வளவு வாங்கியிருந்தாலும் தேதி தவறாமல் இவர் அடைத்து விடுகிறார் என்றால் இவருக்கு சிபிலில் அதிக மதிப்பெண் கொடுக்கலாம் என்று முடிவுசெய்யப்படுகிறது.

இதைப் பார்த்து வங்கிகள் அதிக மதிப்பெண் இருப்பவரின் நம்பகத்தன்மை கூடுதல்; எனவே குறைந்த வட்டியில் கடன் கொடுக்கலாம் என்றும் முடிவுக்கு வருகிறார்கள். இந்த மதிப்பெண்ணைப் பெறுவதற்கு உங்கள் வங்கிக் கணக்கு, வருமான வரிக் கணக்கு எண் போன்றவற்றிலிருந்து பெறப்பட்ட தரவுகள் அலசி ஆராயப்படுகின்றன.

இதேபோன்ற ஒரு நிலை விவசாயிகளுக்கு இருந்தால், அவர்கள் கிராம நிர்வாக அலுவலர், தாசில்தார், வங்கி என ஒவ்வொரு இடமாக ஏறி இறங்கிக் கஷ்டப்பட வேண்டியது இல்லை. அவர்களுக்குக் கடன் தேவைப்படும்போது உடனடியாக அவருக்குக் கொடுக்கலாமா வேண்டாமா என்ற முடிவு தெரிந்தால் எளிதாகக் கொடுத்துவிடலாம். அதை எப்படிச் செய்கிறார்கள் என்று இப்பொழுது பார்ப்போம்.

ஒரு விவசாயி தனது நிலத்தில் விவசாயம் செய்யக் கடன் வாங்க வங்கிக்குச் செல்கிறார். வங்கி அந்த நிலம் விவசாய நிலம் தானா என்பதைக் கண்டறிய கிராம நிர்வாக அலுவலரிடம் சான்றிதழ் வாங்கி வர வேண்டும் என்கிறது. கிராம நிர்வாக அலுவலர் தனக்குக் கீழே இருக்கும் உதவியாளரிடம், அந்த நிலத்தில் என்ன விளைகிறது, அக்கம்பக்கத்தில் என்ன விளைச்சல் என்று பார்த்து வரும்படி கூறுகிறார். அந்த நிலம் அவர் பெயரில்தான் இருக்கிறது என்பதை உறுதி செய்யப்பட்டா, கந்தாய ரசீது என அனைத்தையும் விவசாயி பெற வேண்டும். இப்படி அனைத்துத் தகவல்களும் கிடைத்த பிறகு வங்கிக்குச் சென்று வங்கியில் சமர்ப்பித்தால் சில நாட்கள் பரிசீலித்துவிட்டுக் கடன் கிடைக்கும்.

இதற்காக விவசாயி ஏறி இறங்க வேண்டிய இடங்கள் அதிகம். அதனால் சலிப்படைந்து பெரும்பாலான விவசாயிகள் கடன் வாங்குவதற்குச் செல்வதில்லை என்பதுதான் நிதர்சன உண்மை. இதற்குப் பதிலாக ஒவ்வொரு நிலத்தைப் பற்றிய தரவுகளைச் செயற்கைக்கோளிலிருந்து கிடைக்கும் தரவுகளிலிருந்து வகைப்படுத்த முடியும். ஒரு நிலம் இருக்கிறது என்றால் அந்த நிலம் எந்த விதமான நிலம், நிலத்தில் கிணறு இருக்கிறதா, நிலத்தடி நீர்மட்டம் எப்படி இருக்கிறது, அந்த நிலத்தைச் சுற்றியுள்ள இடங்களில் எந்த விதமான பயிர்கள் பயிரிடப்பட்டுள்ளன. கடந்த சில ஆண்டுகளாக எந்தப் பயிர் விளைச்சல் நன்றாக இருந்தது. இந்தப் பருவத்திற்கு எந்தப் பயிர் விளைவிக்கலாம். ஒவ்வொரு பயிர் விளைவிக்கும் போதும் எவ்வளவு ரூபாய் அதற்குத் தேவைப்படும் போன்ற எண்ணற்ற தகவல்களைச் சேகரிக்கிறார்கள். இதைச் சேகரிப்பதற்கு வாரம்

ஒரு முறை அந்த நிலத்தின்மீது எடுக்கப்பட்ட செயற்கைக்கோளின் புகைப்படங்கள் தேவைப்படுகின்றன.

எவ்வளவு குறைந்த இடைவெளியில் தரவுகள் கிடைக்கப்படுகின்றனவோ அந்த அளவுக்குத் தரவுகள் மெருகூட்டப்பட்டிருக்கும். இப்படிக் கிடைக்கும் தரவுகளிலிருந்து ஒவ்வொரு நிலத்திற்கும் அதன் விவசாய மதிப்பெண் எவ்வளவு என்று கணக்கிடப்படுகிறது.

ஒரு விவசாயி தனது நிலத்திற்குக் கடன் வேண்டும் என்று வங்கிக்குச் சென்றால், வங்கியில் உள்ள கணிப்பொறியில் அந்த நிலத்திற்கான மதிப்பெண் என்ன என்பதைச் செயற்கை நுண்ணறிவு மூலம் அலசி ஆராய்ந்து வங்கி அதிகாரிக்குக் கொடுக்கப்பட்டிருக்கும். அவர் அதை ஒப்பிட்டுப் பார்த்துவிட்டு, ஐயா உங்கள் நிலத்திற்கு இவ்வளவுதான் கடன் கொடுக்க முடியும், இந்த ஆண்டு நீங்கள் விளைவிக்கப் போகும் இந்தப் பயிருக்கு இதைவிட அதிகமான செலவை எதிர்பார்க்க இயலாது என்பதைத் தெளிவான முறையில் தெரிவிப்பார்.

சில நேரங்களில் இதே தகவலை விவசாய அதிகாரிகளுக்குக் கொடுத்தால் இந்தப் பருவத்தில் இதைப் பயிரிடுங்கள், நல்ல மகசூல் இருக்கும்; நீங்கள் கூறும் பயிர் மகசூல் தராது என்று அறிவுரையும் கிடைக்கும். இதனால் சரியான பருவத்தில் சரியான பயிர் செய்வதோடு விவசாயிகளுக்கு ஓரிரு தினங்களில் கடன் கொடுக்கவும் வாய்ப்பு இருக்கிறது. இந்தியாவில் எட்டு மாநிலங்களில் ஆயிரக்கணக்கான ஏக்கர் நிலங்களுக்குப் பரிசீலனை முறையில் இது நடைமுறைப்படுத்தப்பட்டுள்ளது என்பது கூடுதல் செய்தி.

விவசாயி தனது நிலத்திலிருந்து பயிர்களை அறுவடை செய்தவுடன் அந்த விளைபொருட்களின் சந்தை மதிப்பு எவ்வளவு, எந்த ஊரில் எவ்வளவு விற்கப்படுகிறது, தேவைக்கு அதிகமான விளைச்சல் இருக்கிறதா, அதைச் சேமித்து வைத்திருந்தால் விலை கிடைக்க வாய்ப்பு இருக்கிறதா போன்ற அனைத்தும் ஆராயப்பட்டு அறிவுரைகள் வழங்கப்படும்.

விவசாய நிலம் மட்டுமல்ல; ஒரு வீடு கட்டும்போதும் வீட்டிற்காகக் கடன் வாங்குகிறோம். வீட்டின் ஒவ்வொரு படி நிலையை அடையும்போதும் அதற்குரிய கடன் தொகை வங்கியிலிருந்து கிடைக்கும். அவர்கள் கொடுத்த பணத்திற்கு ஈடாக வீட்டைக் கட்டிவிட்டீர்களா என்பதை வங்கி அதிகாரி நீங்கள் வீடு கட்டிக்கொண்டிருக்கும் இடத்திற்கு வந்து உறுதி செய்துவிட்டு பின்னர்தான் கொடுப்பார்.

இதற்குப் பதிலாகச் செயற்கைக்கோளிலிருந்து கிடைக்கும் தரவுகளைச் செயற்கை நுண்ணறிவு மூலம் அலசி ஆராய்ந்து வீட்டின் நீள அகலம் எவ்வளவு, எத்தனை பரப்பளவில் வீடு தயாராகி வருகிறது என்பதை அறிந்துகொள்ளலாம். வீட்டுக் கட்டுமானம் எது வரை முடிந்துள்ளது, வங்கியில் வீட்டின் உரிமையாளர் தெரிவிப்பதுபோல் வந்துவிட்டதா என்பதை எளிதில் கண்டறிய முடியும். அவர் கேட்பதற்கு முன்பாகவே, வங்கியே வீடு கட்டுபவரிடம் நீங்கள் கான்கிரீட் வரை வந்துவிட்டீர்கள் அடுத்த தவணை பணத்தைப் பெற்றுக் கொள்கிறீர்களா என்று கேட்கும் அளவிற்கு முன்னேறிவிடும்.

வீட்டின் ஒவ்வொரு கட்டுமானத்திற்கும் சிமெண்ட், மணல், கல், ஜல்லி, பெயிண்ட் தேவைப்படும். வெளிப்பூச்சு அனைத்தும் முடிந்துவிட்டதா எப்பொழுது வீடு கட்டும் இடத்திற்குப் பெயிண்ட் கொண்டுவர வேண்டும் என்பதைப் பெயிண்ட் கடைக்காரரும் இந்தத் தரவுகளின் மூலம் மிக எளிதில் அறிந்துகொள்ளலாம். இரண்டு மூன்று நாட்களுக்கு ஒரு முறை எடுக்கப்படும் செயற்கைக்கோள் தரவுகளிலிருந்து வீட்டின் கட்டுமானம் எதுவரை வந்துள்ளது, எந்தெந்த வீடுகளுக்கு எந்தெந்தப் பொருட்கள் கொண்டுபோய்ச் சேர்க்க வேண்டும் என்ற தகவல் செயற்கைக்கோள் மூலம் அலசி ஆராய்ந்து அந்தந்த நிறுவனத்திற்குச் செய்தியாக அனுப்பி வைக்கப்படும்.

அவ்வாறு அதை உறுதி செய்து நேரடியாகப் பொருட்களை அந்த வீடு கட்டும் இடங்களுக்குக் கொண்டு செல்லலாம். ஒரு நிறுவனம் ஆயிரத்திற்கு அதிகமான வீடுகளைக் கட்டினாலும் இதன் மூலம் மிக எளிதாகச் சேர்க்க வேண்டிய பொருட்களைச் சேர்க்க இயலும். விளம்பரம் செய்யும் நிறுவனங்களும் எங்கெல்லாம் பணி நடைபெறுகிறது, அவர்கள் பொருட்களை விற்க யாரெல்லாம் உகந்த நண்பர்கள் என்பதை எளிதில் கண்டறிய முடியும். விண்ணில் சுற்றிக்கொண்டிருக்கும் செயற்கைக்கோளிலிருந்து கிடைக்கும் தரவுகளைச் செயற்கை நுண்ணறிவுத் துறையில் அலசி ஆராய்ந்து பயனுள்ள பல முடிவுகளை எடுக்க இயலும்.

விண்வெளித் துறை

உங்களுக்குச் சொந்தமாகச் சில தென்னை மரங்கள் இருப்பதாக வைத்துக்கொள்வோம். தென்னை மரம் இருக்கும் இடத்திலிருந்து உங்கள் வீட்டிற்குக் கிடைத்த தேங்காய்களைக் கொண்டு செல்ல வேண்டும். தேங்காயின் மட்டையைத் தென்னை மரம் உள்ள காட்டிலேயே நீக்கிவிட்டு தேங்காயை மட்டும்

வீட்டுக்குக் கொண்டுசென்றால் குறைவான இடத்தில் நிறையத் தேங்காய்களைக் கொண்டுசெல்ல முடியும். 100இலிருந்து 150வரை தேங்காயை ஒரு சிறிய காரில் கொண்டு சென்றுவிடலாம்.

ஆனால், அதுவே மட்டை உரிக்கவில்லை என்றால் சிறிய ஆட்டோ தேவைப்படும். தற்சமயம் விண்வெளியில் இருக்கும் செயற்கைக்கோள்கள் இதுபோன்று தான் எடுக்கும் தரவுகள் அனைத்தையும் பூமிக்கு அனுப்புகின்றன. பூமியில் அதைத் தரம் பிரித்துத் தேவையான தரவுகளின் வாயிலாக முடிவுகளையும் பெறுகிறோம். இதற்குப் பதிலாக விண்ணில் இருக்கும் செயற்கைக்கோள் தனக்குக் கிடைக்கும் தரவுகளை விண்ணிலேயே ஆராய்ந்து தேவையான சரியான தரவுகளை மட்டும் பூமிக்கு அனுப்பினால் குறைந்த அலைவரிசையில் நிறையத் தகவல்களை அனுப்ப முடியும். செயற்கை நுண்ணறிவுப் பணி பல வகையான தரவுகள் கிடைக்கும் செயற்கைக்கோளிலேயே செயல்படுத்தப் பட வேண்டும்.

விவசாய நிலங்களில் செயற்கைக்கோள் தரவுகள் எடுக்கும் போது, என்ன விதமான பயிர் விளைவிக்கப்படுகிறது என்பதைக் கண்டறிய முடியும். அந்த வகையான பயிர் எந்த நிலையில் இருக்கிறது. எந்த விதமான பூச்சித் தாக்குதலுக்கு உள்ளாகியிருக்கிறது என்பதையும் ஆராய முடியும். ஒரு குறிப்பிட்ட மாநிலத்தில் ஒருசில நாட்களில் எடுக்கப்பட்ட செயற்கைக் கோளின் தரவுகளைச் செயற்கை நுண்ணறிவு மூலம் அலசி ஆராய வேண்டும். அதன் மூலம் இந்த மாவட்டத்தில் இந்த வகையான பயிர்கள் அதிக நோய்த் தாக்குதலுக்கு உட்பட்டிருக்கின்றன. அங்கே இவ்வளவு உரங்களும் பூச்சிக்கொல்லி மருந்துகளும் சென்றடைய வேண்டும் என்ற தகவல் மிக எளிதில் கிடைக்கும். அதனால் உரம், பூச்சிக்கொல்லி தட்டுப்பாடுகளிலிருந்து விவசாயிகளைக் காப்பாற்ற இயலும்.

பாறைச் சரிவுகள் மணல் சரிவுகள் போன்றவை உடனடியாக ஏற்படுவதற்கு முன்பாகச் சிறிய சலனம் இருக்கும். அந்தச் சலனத்தைக் கண்டுபிடிப்பது மிகச் சிரமமாக இருக்கும். ஆனால் மில்லி மீட்டர் அளவு ஏற்படும் மாற்றங்களை எளிதில் கண்டறிந்து இந்த இடத்தில் ஏதோ மாற்றம் நடைபெறுகிறது. உடனடியாக மக்களை அப்புறப்படுத்த வேண்டும் என்ற செய்தி பயனுள்ளதாக இருக்கும்.

நமக்கு உடல்நிலை சரியில்லை என்றால் மருத்துவரை சந்திக்கிறோம். மருத்துவர் பலதரப்பட்ட பரிசோதனைகளைச் செய்துவருமாறு கூறுகிறார். அந்தப் பரிசோதனைகளின் அடிப்படையில்தான் என்ன நோய் என்று முடிவுக்கு வருகிறார்.

இதேபோல ஒரு இயந்திரம் இயங்கும்பொழுதும் அந்த இயந்திரத்தில் இருக்கும் பல உணர்வுக் கருவிகளைக்கொண்டு அந்த இயந்திரத்தின் பல தரவுகள் பெறப்படுகின்றன.

இயந்திரத்தில் ஏதாவது பழுது உள்ளதா, ஏன் அது வித்தியாசமாகச் செயல்படுகிறது என்பதை எளிதில் அலசி ஆராய்ந்து கண்டுபிடிக்க இயலும். அதேபோல் ஒரு ராக்கெட் பயணத்தைத் தொடங்கும்போது அதன் ஒவ்வொரு பாகமும் ஒவ்வொரு நிலையும் சரியாக வேலைசெய்கிறதா என்பதை அதில் பொருத்தப்பட்டுள்ள ஆயிரக்கணக்கான கருவிகள் மூலம் கண்டறிவது எளிதாகும். இப்படிக் கண்டறியும்போது மனிதர்கள் பயணிக்கும் ஏவு வாகனத்தில் மனிதர்களின் உயிருக்குப் பாதுகாப்பு ஏற்படும் வகையில் தரவுகள் ஏதேனும் இருந்தால் உடனடியாக அவர்களைப் பாதுகாப்பாக ஏவு வாகனத்திலிருந்து விடுவித்துப் பத்திரமாகத் தரையிறக்க முடியும்.

எப்படி ஆளில்லாத காரை ஓட்டுநர் இல்லாமல் செயற்கை நுண்ணறிவால் இயக்க முடியுமோ அதேபோன்று விமானங்கள் தரையிறங்குவதையும் எளிமைப்படுத்த முடியும். ஓடுதளத்தில் இருக்கும் தரவுகள் விமானம் இறங்க வேண்டிய இடம் முதலானவற்றை உள்ளீடாகத் தரும்பொழுது மேகமூட்டம் போன்ற பல பிரச்சினைகள் உண்டானாலும் சரியான இடத்தில் விமானங்களைத் தரை இறக்க முடியும்.

விண்கலம் விண்வெளியில் சுற்றிக்கொண்டிருக்கும் விண்வெளி நிலையத்தை அடைந்தவுடன் அதனுடன் இணைப்பு ஏற்படுத்துவது சிரமமான காரியம். எல்லாத் தரவுகளையும் பயன்படுத்தி அந்த இணைப்பை எளிதாக்க இயலும்.

சுற்றுச்சூழல் பங்களிப்பு

சுற்றுச்சூழலை மாசுபடுத்தாமல் இருப்பதற்கும் மாசுபாட்டைக் கண்டறிவதற்கும் தரவுகள் முக்கியப் பங்காற்று கின்றன. எங்கே, என்ன நடக்கிறது என்பதை அறிந்து உரிய நேரத்தில் முயற்சிகள் எடுத்தால் சுற்றுச்சூழலைப் பாதுகாக்க இயலும். ஒரு அணை அல்லது நீர் தேக்கும் பகுதியில் கிடைக்கும் தரவுகளை வைத்துத் தண்ணீர் எவ்வளவு உள்ளது என்பதைக் கண்டறிய முடியும். எந்த விதமான மாசுக்கள் கலந்துள்ளன என்பதையும் கண்டறிய இயலும். சாதாரணமாக அணையில் தேக்கி வைத்துள்ள நீரையும் நதியிலிருந்து மாசுகளுடன் கலக்கும் நீரையும் எளிதில் இதனால் இனம் காண முடியும்.

அணையில் நீர் எவ்வளவு இருக்கிறது, வண்டலின் அளவு ஆகியவற்றைக் கண்டறிய முடியும். வண்டல் எந்த இடத்தில்

அதிகமாக இருக்கிறது, எப்பொழுது அதைச் சுத்தப்படுத்த வேண்டும் என்பதை எளிதாக்க முடியும். வனப்பிரதேசங்களில் ஏற்படும் காட்டுத் தீ போன்றவற்றை முன்கூட்டியே கணிப்பதற்கும் இந்தச் செயற்கை நுண்ணறிவுத் துறை பயன்படும். வனத்தில் தீப்பிடிப்பதற்குக் காய்ந்த இலைகளின் இருப்பும் அதீத வெப்பநிலையும் முக்கியக் காரணம். இந்த இரு தரவுகளையும் உன்னிப்பாக ஆராய்ந்து இதுபோன்று காட்டுத் தீ பிடித்த இடங்களில் உள்ள தரவுகளுடன் ஒப்பிட்டு அதற்கான நிகழ்தகவை கண்டறியலாம்.

கோதுமைப் பயிரை உண்பதற்காக வெட்டுக்கிளிகள் மாவட்டம் மாவட்டமாகப் படையெடுத்து வந்ததைச் சில ஆண்டுகளுக்கு முன்பு நாம் செய்தியாக வாசித்தோம். பூச்சிகள், வண்டுகளிலிருந்து பயிர்களைக் காப்பதற்கு அவை எங்கிருந்து வருகின்றன, எந்த இடத்தில் அவைகளை தடுத்து நிறுத்த வேண்டும் போன்ற தகவல்களையும் பெற முடியும்.

வருங்காலத் தொடர்வண்டி நிலையம்

தொடர்வண்டியில் செயற்கை நுண்ணறிவு பயன்பட்டால் எப்படி இருக்கும் என்பதைக் கற்பனைசெய்து பார்ப்போம். தொடர்வண்டி நிலையத்தில் நான்கு புறங்களின் உள்ள வாயில்களிலும் கேமராக்கள் பொருத்தப்பட்டிருக்கும். நீங்கள் தொடர்வண்டி நிலையத்தில் உள்ளே வந்தவுடன் உங்கள் முகத்தை வைத்து, உங்கள் தரவு கண்டுபிடிக்கப்படும். நீங்கள் எந்தத் தொடர்வண்டியில் எந்தப் பெட்டியில் பயணப்படுகிறீர்கள் என்பது தானியங்கியாக உள்வாங்கிக்கொள்ளப்படும்.

தொடர்வண்டி நிலையத்திற்குள் நீங்கள் உள்ளே வந்தவுடன் எந்த நடைமேடையில் எந்த இடத்தில் நீங்கள் ஏற வேண்டிய பெட்டி உள்ளது என்பதை உங்களுக்குக் குறுஞ்செய்தி மூலமாகவும் தெரிவித்துவிடும். பின்னர் நீங்கள் ஏற வேண்டிய பெட்டியை அடைந்தவுடன் பெட்டியில் உள்ள கதவில் உங்கள் கண் இமையையோ கைவிரலையோ வைக்கும்போது தானியங்கியாகக் கதவு திறக்கப்படும்.

உங்களுக்குப் போர்வைகள் கிடைக்க வேண்டியிருந்தால் அதைப் பெற்றுக்கொள்ளலாம். தொடர்வண்டி புறப்படச் சில நிமிடங்களில் அதில் பயணம் செய்யும் பயணியர் வரவில்லை என்பதை உறுதிசெய்துகொள்ளும். டிக்கெட் பரிசோதகர் செய்யும் அனைத்து வேலைகளையும் செயற்கை நுண்ணறிவுத் தொழில்நுட்பம் சில நிமிடங்களில் செய்துவிடும். தொடர்வண்டி நிலையத்திலிருந்து கிளம்பிய சில வினாடிகளில் யாரெல்லாம்

தொடர்வண்டியில் ஏறவில்லை என்பதை உறுதிசெய்து காத்திருப்புப் பட்டியலிலிருந்து இருக்கையைப் பகிர்ந்து கொண்டவர்களுக்கு வராதவர்கள் இருக்கையைப் பகிர்ந்தளித்துக் குறுஞ்செய்தி அனுப்பிவிடும்.

ரயில் இருப்புப் பாதை வழித்தடத்தை மனிதர்கள் கட்டுப்படுத்துவதால் ஒரு மணிநேரத்தில் நான்கிலிருந்து ஐந்து தொடர்வண்டிகளைத்தான் இயக்க முடிகிறது. செயற்கை நுண்ணறிவு கொண்டு இதைச் செய்யும்போது மணிக்கு அதிகமான தொடர்வண்டிகளை மிக எளிதாக இயக்க முடியும். மேலும் இருப்புப் பாதைகளைத் தாண்டி செல்லும் சாலைகளின் இருபுறங்களிலும் உள்ள கதவுகளை மூடுவதும் திறப்பதும் மிக எளிதாகும். தொடர்வண்டி எவ்வளவு தூரத்தில் வந்துகொண்டிருக்கிறது, இன்னும் எவ்வளவு நேரத்தில் அது சாலை இருக்கும் இடத்தைக் கடக்கும் என்பதை அலசி ஆராய்ந்து தானியங்கியாகக் கதவுகள் மூடப்படும். அதேபோல் தொடர்வண்டி சாலையைக் கடந்த உடன் கதவுகள் திறக்கப்படும். இதனால் வேலை மிக விரைவாக நடப்பதுடன் பாதுகாப்பாகவும் நடைபெறும்.

தொழிலாளர்களை வகைப்படுத்துதல்

எந்த நிறுவனத்தில் வேலை செய்தாலும் பாகுபாடு இருக்கத்தான் செய்கிறது. என்னைவிடக் குறைவான வேலை செய்யும் அவருக்குப் பதவி உயர்வு கொடுத்துவிட்டார்கள் என்று ஒவ்வொரு நிறுவனத்திலும் புலம்புபவர்களும் இருக்கத்தான் செய்கின்றனர். நிறுவனத்தின் உயர் அதிகாரிக்கு இருவரில் ஒருவருக்குப் பதவி உயர்வு கொடுக்கப்பட வேண்டும் என்றிருந்தால் அவர் எவ்வளவு சிறந்தவர் என்பதைக் கணிக்கத் தரவுகளை நாடுகிறார். அந்தத் தரவுகளின்படிதான் அவர் முடிவு எடுக்கிறார். தரவுகள் தவறாக இருக்கும்போது அல்லது சரியாகக் கணிக்கப்படாதபோது முடிவுகள் தவறாக இருக்க வாய்ப்பிருக்கிறது.

எல்லாத் தரவுகளையும் துல்லியமாக்கும்பொழுதும் பல தரவுகளை அலசி ஆராயச் செயற்கை நுண்ணறிவு துறையைப் பயன்படுத்தும்பொழுதும் இந்தச் செயலை எளிதாக்க முடியும். உதாரணத்திற்கு எத்தனை முறை நீங்கள் அலுவலகத்திற்குச் சரியான நேரத்தில் வந்துள்ளீர்கள் என்பதை உங்கள் வருகை ஏட்டில் இருந்து எடுக்கலாம். எத்தனை முறை கொடுக்கப்பட்ட கோப்புகளைக் காலம் தவறாமல் செய்து முடித்துள்ளீர்கள் என்பதைக் கணிக்கலாம். உங்கள் அலைபேசி அழைப்புக்குச்

சரியான பதில் கொடுத்தீர்களா என்பதைக் கணக்கில் கொள்ளலாம். தவறுகள் இல்லாமல் எத்தனை முறை உங்கள் வேலையைச் செய்திருக்கிறீர்கள் என்பதை அட்டவணைப்படுத்தலாம்.

ஒரு கோப்பைக் கவனிக்கும்போது, வேலையைச் செய்யும் போது எவ்வளவு தவறுகள் செய்தீர்கள், ஒரு வருடத்தில் எவ்வளவு தவறுகள் செய்தீர்கள், மற்றவருடன் ஒப்பிடும்பொழுது உங்கள் தவறுகள் எவ்வளவு என்பதையும் எளிதில் கண்டறியலாம். நிறுவனம் ஏதாவது புதிய பிரச்சினைக்கு உள்ளாகும்போது உங்கள் ஆலோசனைகள் எப்படி இருந்தன. எத்தனை முறை ஆலோசனைகள் தந்தீர்கள், யார் சிறந்த ஆலோசனைகளை வழங்குகிறார் என்பதையும் கருத்தில் கொள்ளலாம். இப்படி ஒரு ஊழியர் நிறுவனத்திற்கு எப்படி எல்லாம் ஒத்துழைப்பு தருகிறார், அவரின் உழைப்பு நிறுவனத்தின் முன்னேற்றத்திற்கு எவ்வளவு உதவுகிறது என்பதைச் செயற்கை நுண்ணறிவு கணக்கிட்டு யார் சிறந்த நபர் யாருக்குப் பதவி உயர்வு தர வேண்டும் என முடிவெடுப்பதை எளிமையாக்கிவிடும்.

பொருட்கள் தயாரிக்கும்போது சிறிய சிறிய குறைபாடுகள் இருப்பது இயல்புதான். இந்தக் குறைபாடுகள் ஏன், எப்படி வருகின்றன என்பதை ஆராய்ந்து அது மீண்டும் வராமல் இருக்க முயற்சிகள் செய்ய வேண்டும் அல்லவா.

வாழ்க்கையில் தனது துறையில் வெற்றி அடையும் மனிதர்கள் பலர் தனது அனுபவத்தில் ஒருமுறை செய்த தவறு மீண்டும் ஏற்படாமல் பார்த்துக்கொள்வார்கள். ஒருமுறை ஏன் தோற்றோம் என்பதை உணர்ந்தவர்கள் மறுமுறை அது நடக்காமல் இருக்கப் பார்த்துக்கொள்கிறார்கள். அவர்கள் வாழ்க்கையில் உயரிய இடத்தை அடைகிறார்கள்.

50 ஆண்டுகளுக்கு முன்பு காரில் ஏதாவது பிரச்சினை என்றால் கார் மெக்கானிக்கிடம் கொண்டு செல்வோம். அவர் தனது அனுபவத்தை வைத்துப் பிரச்சினையைக் கண்டு பிடிப்பார். சிலமுறை அது தவறாகவும் இருக்கும். ஆனால் இன்றைய நவீன கார்களில் ஏதாவது பிரச்சினை என்று கொண்டு சென்றால் அதை ஒரு கணிப்பொறியில் இணைக்கிறார்கள். காரின் இயந்திரத்தை ஓட விடும்பொழுது காரில் பொருத்தப் பட்டுள்ள உணர்வுக் கருவிகள் அனைத்தும் தரவுகளை உருவாக்கும். கணிப்பொறி அந்தத் தரவுகளை உள்வாங்கிக் காரின் எந்தப் பகுதியில் பிரச்சினை என்பதைத் தெரிவிக்கும். மெக்கானிக் பின்னர் அந்த பாகத்தைப் பிரித்துப் பார்ப்பார். இன்னும் இதற்கு ஒரு படி மேலே சென்றால் அந்தப் பாகம் ஏன் தவறாக வேலை செய்கிறது, அதற்கான காரணங்கள்

என்ன என்பதைக் கணிப்பொறியே பட்டியலிடும். அது பட்டியலிடும் குறைகளை ஒவ்வொன்றாக நிவர்த்தி செய்து கொண்டே வந்தால் பிரச்சினையை மிக எளிதில் கண்டறிந்து விடும்.

சமையல் செய்வதற்கும் தரவுகள் மிகவும் முக்கியம். கடையிலிருந்து புதிதாக ஒரு அரிசி வாங்கி வந்தவுடன் அரிசிக்கு எத்தனை பங்கு தண்ணீர் ஊற்ற வேண்டும் என்பது ஒரு அனுபவ அறிவு. புதிதாக ஒரு மூட்டை அரிசி வாங்கி வந்தால் முதல் நாள் தனது முந்தைய அனுபவத்திலிருந்து குறிப்பிட்ட அளவு தண்ணீர் வைப்போம். அது சரியாக இல்லை என்றால் அடுத்த நாள் முதல் அதை மாற்றிக்கொள்வோம். புதிய அரிசியா, பழைய அரிசியா, பிரியாணி செய்யப் பயன்படும் அரிசியா என்ற பலவகைத் தரவுகளை வைத்து எவ்வளவு பங்கு தண்ணீர் எடுக்க வேண்டும் என்பதும் வேறுபடுகிறது.

அரிசி வாங்கி வந்த உடன் ஒரு நுண்ணறிவுக் கருவியை அரிசியில் வைத்து அதன் மூலம் கிடைக்கும் தரவுகளைக் கணிப்பொறியில் உள்ளீடாகக் கொடுத்தால் இந்த அரிசி ஈரப்பதம் எவ்வளவு இருக்கிறது, வேகும்போது எவ்வளவு விரிவடையும் எவ்வளவு தண்ணீர் ஊற்ற வேண்டும் என்பதைக் கூறிவிடும். சாம்பார் வைப்பதில் முக்கியமான விஷயம் அதில் போடப்படும் காய்கறி எந்த விதத்தைச் சார்ந்தது. அது வேகுவதற்கு எவ்வளவு நேரம் எடுக்கும் என்பதுதான். சில காய்கறிகள் மிக எளிதில் வெந்து விடும். சில காய்கறிகள் சமைப்பதற்கு நேரம் அதிகமாகும். என்ன காய்கறியை உள்ளே போடப் போகிறோம், அதன் நிலை என்ன என்பதைக் கண்டறிந்து ஒவ்வொரு முறை சாம்பார் செய்யும் பொழுதும் எவ்வளவு நேரம் அதை அடுப்பில் வைத்திருந்தால் போதும் என்பதைக்கூடக் கணித்துவிட இயலும்.

பிரச்சினையைக் கண்டறிதல்

எதிர்காலத்தில் அனைத்தையும் திட்டமிடுவதற்குத் தரவுகள்தான் பயன்படும். அந்தத் திட்டமிடுதலை முன்னின்று செலுத்துவது செயற்கை நுண்ணறிவுத் துறையாக இருக்கும். ஒரு அரசாங்கம் செயல்படுத்தும் ஒவ்வொரு திட்டத்திற்கும் இந்தத் தரவுகளை உள்ளீடாக எடுக்கும். நீங்கள் ஒரு பிரியாணி சாப்பிட ஆசைப்படுவதாக வைத்துக்கொள்வோம். பிரியாணி வாங்குவதற்காக ஒரு கடைக்குத் தொலைபேசியில் அழைக்கிறீர்கள். அழைக்கும்போது உங்களுக்கென்று பிரத்தியோகமாகக் கொடுக்கப்பட்டுள்ள எண்ணைப் பதிவு செய்ய வேண்டும். அந்த எண்ணைப் பதிவு செய்யும்போது நீங்கள் யார், என்னென்ன உடல்நல பிரச்சினையால் பாதிக்கப்பட்டிருக்கிறீர்கள், கடைசியாக

எந்த மருத்துவமனைக்குச் சென்றீர்கள், மருத்துவமனையில் என்ன மருந்து வாங்கினீர்கள் என்று எல்லாச் செய்திகளும் வந்துவிடும். கொழுப்பு அதிகம் உள்ள குறிப்பிட்ட பிரியாணி உங்களுக்குப் பிடிக்கும் என்று வைத்துக் கொள்ளலாம். அதைச் சாப்பிடுவதற்காகக் கடைக்காரரிடம் கேட்கிறீர்கள். ஆனால் உங்கள் மருத்துவக் குறிப்பின்படி நீங்கள் அதை உட்கொள்ளக் கூடாது. உட்கொண்டால் நீங்கள் உள்நோயாளியாவதற்கு வாய்ப்பு அதிகம். அதை அரசாங்கம் விரும்பவில்லை என்றால் எந்த மனிதருக்கு எந்த உணவை விற்க வேண்டும் என்ற நிபந்தனையைக்கூட அரசாங்கம் உருவாக்க முடியும்.

அதனால் அந்த வகையான உணவு உங்களுக்கு மறுக்கப்படலாம். போதைப் பொருட்கள் எப்படிச் சட்ட விரோதம் என்று கூறுகிறோமோ, அதைப்போல உங்கள் உடலுக்கு உதவாத, உங்கள் உடலுக்குத் தீங்கு விளைவிக்கக்கூடிய உணவுப் பொருட்களை உண்ணுவதும் செயற்கை நுண்ணறிவு மூலம் தடை விதிக்கப்படலாம். அதை நீங்கள் உண்பதால் உங்களுக்கு மட்டும் பாதிப்பு அல்ல. நோயாளியாக நீங்கள் மாறி அரசாங்க மருத்துவமனையில் அனுமதிக்கப்பட்டு அங்கேயும் பிரச்சினை ஏற்படும் என்றும் காரணத்தை முன்னிட்டு அரசு இத்தகைய நடவடிக்கையை எடுக்கலாம்.

ஒருவர் நோயாளியாவதற்கு முன்பாக எதனால் அவர் உருவாகிறார். எப்படி அதைத் தடுக்க முடியும் என்ற அளவிற்கு இதைக் கொண்டு செல்ல இயலும். உங்கள் பொருளாதார நிலை சரியில்லை. தேவைக்கு அதிகமாகக் கடன் வாங்குகிறீர்கள் என்றால் விலை அதிகமான பொருட்களை உங்களுக்கு விற்க இயலாது. ஏனென்றால் உங்கள் பொருளாதார நிலை இவ்வளவு தான் இருக்கிறது என்ற ஆலோசனையும் வரலாம்.

சர்க்கரை நோய் உள்ளவருக்கு எந்தெந்தப் பொருட்கள் விற்கக் கூடாது என்பது சட்டமாக்கப்படலாம். எளிதாக அந்தச் சட்டத்தைச் செயல்படுத்தச் செயற்கை நுண்ணறிவு உதவும். ஒரு ஊரில் உள்ள ஒரு மருத்துவமனையில் நீங்கள் மாத்திரை வாங்குகிறீர்கள். இரண்டு மாதங்கள் அந்த மாத்திரையைச் சாப்பிட வேண்டும். ஆனால் ஒரு மாதங்களுக்குப் பிறகு வேறு ஒரு மருத்துவமனைக்குச் சென்று அங்கே அதே மருந்தை வாங்கினீர்கள் என்றால் உங்களுக்குக் கொடுத்துள்ள மருந்து இரண்டு மாதங்கள் வருமே என்று கேள்வியையும் எழுப்பும்.

சமூகத்தின் ஒழுக்க நிலைகளை நடைமுறைப்படுத்துவதில் சட்டம் ஒழுங்கு மிக முக்கியப் பங்கு வைக்கிறது. சாலையில் இடது புறம் செல்ல வேண்டும். காரில் செல்லும்போது

இருக்கைக்கான பெல்ட் போட வேண்டும் என்றெல்லாம் சட்டம் இருக்கிறது. போடாதவர்களை எப்படிக் கண்டுபிடிப்பது. இருசக்கர வாகனத்தில் தலைக்கவசம் அணிந்து பயணிக்க வேண்டும், இருசக்கர வாகனத்தில் இருவருக்கும் மேல் பயணிக்கக் கூடாது என்று பல சட்டங்கள் உள்ளன. இந்தச் சட்ட திட்டங்களை அனைவரும் கடைப்பிடிக்கிறார்களா என்பதைத் தரவுகள் மூலம் உறுதிப்படுத்த முடியும்.

தரவுகள் என்பது இங்கே ஒவ்வொருவர் பயணம் செய்யும் இடங்களிலும் எடுக்கப்படும் புகைப்படங்கள். எண்ணற்ற கேமராக்களை நிறுவி அதிலிருந்து ஒவ்வொரு வாகனம் செல்லும்போதும் சரியான முறையில் இருக்கைக்கான பெல்ட் அணிந்திருக்கிறார்களா, தலையில் தலைக்கவசம் அணிந்திருக்கிறார்களா என்பதைச் செயற்கை நுண்ணறிவின் மூலம் கண்டறியலாம். அப்படி யாராவது அணியவில்லை என்றால் தானியங்கியாகவே கணிப்பொறி தனது தரவுகளை அலசி ஆராய்ந்து கண்டறியும். பின்னர் அந்த வண்டியின் பதிவு எண்ணைக்கொண்டு அவர்கள் மின்னஞ்சலுக்கும் தொலைபேசிக்கும் அவர் தலைக்கவசம் அணியாமல் செல்லும் புகைப்படத்தை அனுப்பி விடும். குறிப்பிட்ட நாளுக்குள் அவர் அபராதத் தொகையைக் கட்டி இருக்க வேண்டும். அப்படிப் பணத்தைக் கட்டவில்லை என்றால் அவருடைய வங்கி கணக்கில் அடுத்த முறை அவருக்குப் பணம் வரும்பொழுது அல்லது மாதச் சம்பளம் கிடைக்கும்போது இவ்வளவு பணம் அபராதத் தொகையுடன் அரசாங்கக் கணக்குக்குச் செல்ல வேண்டும் என்று நிபந்தனை விதித்துவிடும்.

எவையெல்லாம் சட்டத்திற்குப் புறம்பானது என்பதை நாம் செயற்கை நுண்ணறிவுக் கட்டளையில் கொடுத்துவிட வேண்டும். மூன்று பேர் பயணிப்பது, தலைக்கவசம் அணியாமல் பயணிப்பது, மனிதர்கள் நடந்து செல்லும் கோட்டைத் தாண்டி வண்டியை நிறுத்துவது, சிவப்பு விளக்கு விழுந்தவுடன் வண்டியை நிறுத்தாமல் பாய்ந்து செல்வது, முன்புறம் செல்லும் வண்டிக்கு இடம் கொடுக்காமல் வண்டியை நிறுத்திக்கொள்வது, தேவையில்லாமல் ஒலி எழுப்புவது என்று எவையெல்லாம் விதிமுறைக்குப் புறம்பானவையோ அவை அனைத்தையும் உள்ளீடாகக் கொடுத்துவிடலாம்.

சாலையில் செல்லும் ஒவ்வொருவரும் இதில் ஏதாவது ஒன்றைக் கடைப்பிடிக்கவில்லை என்றால் தானியங்கியாக அவர் மீது புகார் உருவாக்கப்பட்டுத் சரியான தண்டனையும் அபராதத் தொகையும் விதிக்கப்படும். ஒருவர் ஐந்து முறை அல்லது

பத்து முறை தவறு செய்திருந்தால் அவருடைய ஓட்டுநர் உரிமம் செய்யப்படலாம்.

ஓட்டுநர் இருக்கையில் அமர்ந்திருப்பவரின் புகைப்படத்தை வைத்து யார் அவர், அவருக்கு ஓட்டுநர் உரிமம் இருக்கிறதா, இல்லையா என்பதைக்கூட எளிதில் கண்டறிந்துவிடலாம். ஒவ்வொரு வாகனத்தின் பதிவு எண்ணைக்கொண்டு அந்த வாகனம் அதற்கான எண் தானா, என்பதை எளிதில் கண்டறிந்து ஏதாவது தவறுதலாக மாற்றி வண்டி ஓடுகிறதா என்பதைக் கண்டறிந்து காவல் துறைக்குத் தகவல் கொடுக்க முடியும்.

பதிவு எண்ணை வைத்து அந்த எண்ணிற்குக் காப்பீடு எடுக்கப்பட்டுள்ளதா, மறந்துவிட்டார்களா என்பதையும் எளிதாகக் கண்டறியலாம். தேசிய நெடுஞ்சாலையில் செல்லும் பொழுது அரைக் கிலோமீட்டருக்கு முன்பே வாகனத்தின் பதிவு எண்ணை வைத்து அந்த வாகனம் அந்தச் சாலையைக் கடந்து செல்ல எவ்வளவு பணம் கட்ட வேண்டும் என்பதை உறுதி செய்து அந்தப் பணத்தை அவர் வங்கிக் கணக்கிலிருந்து எடுக்க முடியும். வாகனம் அரைக் கிலோமீட்டரைத் தாண்டுவதற்குள் இந்த இடத்தைக் கடப்பதற்கும் அடுத்த 50 கிலோமீட்டர்கள் நீங்கள் பயணப்படுவதற்கும் தேவையான தொகை உங்கள் கணக்கிலிருந்து எடுத்துக்கொள்ளப்பட்டுவிட்டது. இனிதாகப் பயணத்தைத் தொடரலாம் என்ற குறுஞ்செய்தியுடன் நீங்கள் கடந்து செல்லலாம். இதனால் காத்திருக்கும் நேரம் வெகுவாகக் குறையும். வண்டியிலிருந்து வெளிவரும் புகை மாசுக் கட்டுப்பாட்டு அளவை விட அதிகமாக இருக்கிறதா, குறிப்பிட்ட வருடங்களுக்குப் பிறகும் பதிவு செய்யப்படாமல் ஓடுகிறதா என்பவற்றை விநாடிப் பொழுதுகளில் கண்டறியலாம்.

சட்டதிட்டங்களைச் செயல்படுத்துவதில் தரவுகளும் செயற்கை நுண்ணறிவும் ஒருசேர உதவும் பொழுது போக்கு வரத்தை ஒழுங்குபடுத்துவதும் விபத்துக்களைக் குறைப்பதும் எளிதாகும்.

அதே சமயம், நமது உணவுப் பழக்கங்களில் தேர்வுக்கான சுதந்திரத்தில் தலையிடுவதையும் செயற்கை நுண்ணறிவு எளிதாக்கிவிடும். தனிநபர் சுதந்திரத்திற்கான இந்த ஆபத்து தனியே விவாதிக்க வேண்டியது.

8

நன்மையும் தீமையும்

செயற்கை நுண்ணறிவு வந்தால் வேலை இழந்துவிடுவோம் என்று பொதுவான ஒரு கருத்து இருக்கிறது. 18ஆம் நூற்றாண்டில் தொடங்கிய தொழிற்புரட்சியின் காரணமாக ஒவ்வொரு காலகட்டத்திலும் ஒரு வகையான தொழில்கள் முடங்கிப்போயின. அடுத்த தொழில் உருவானது. அதைவிட எண்ணிப் பார்க்க முடியாத அளவு மாற்றங்களைச் செயற்கை நுண்ணறிவு கொண்டு வரும். எங்கெல்லாம் மனிதர்களால் செய்யப்படும் வேலைகளைத் தானியங்கியாக மாற்ற முடியுமோ அங்கு இந்தத் தொழில்நுட்பம் வந்துவிடும். அதனால் மேலும் பல புதிய நுணுக்கங்களைக் கற்றுக்கொள்ள வேண்டிய கட்டாயத்திற்கு நாம் தள்ளப்படுவோம்.

சமத்துவமின்மை உருவாவதற்குச் செயற்கை நுண்ணறிவு காரணமாக இருக்கலாம் என்று நம்பப்படுகிறது. புதிய தொழில்நுட்பங்களை அறிந்து கொள்ள முடியாத அல்லது பயன்படுத்த முடியாத தொழிலாளர்கள் பின்னுக்குத் தள்ளப்படுவார்கள். அதனால் இந்தத் தொழில்நுட்பம் தெரிந்தவர்கள் அதிகம் பணம் சம்பாதிக்கக்கூடிய மேல்மட்ட மனிதர்களாக உருவாகக்கூடும். எந்தத் தொழிலாக இருந்தாலும் இந்தத் தொழில்நுட்பத்தைப் பயன்படுத்த தவறியவர்கள் பின்னோக்கியும் செல்வதற்கு வாய்ப்புகள் மிக அதிகம்.

பாரபட்சம் உருவாவதற்கும் செயற்கை நுண்ணறிவு காரணமாக அமையலாம். என்னதான்

தரவுகள் கொடுக்கப்பட்டாலும் அந்தத் தரவுகளை அலசி ஆராய்ந்து முடிவு எடுக்கச் சில தர்க்கக் கோட்பாடுகள் கொடுக்கப் படுகின்றன. அதை உருவாக்குபவர் தனக்குச் சாதகமாக இருக்கும்படி அல்லது ஒரு சாராருக்குச் சாதகமாக இருக்கும்படி கோட்பாடுகளை உருவாக்கிவிட்டால் நடுநிலையாக இல்லாமல் ஒருவர் பயனடையும் வகையிலேயே இதன் முடிவுகள் இருக்க வாய்ப்பு இருக்கும். அது இப்படித்தான் இருக்கிறது என்று நமக்குப் புரியாமலேயே அதன் முடிவுகளை நாம் செயல்படுத்த தொடங்கிவிடுவோம்.

இதை எப்படிக் கண்டறிவது, பாகுபாடு இல்லாமல் சிக்கலைத் தீர்க்கும் முறை என்ன என்பது கேள்விக்குறியாக இருக்கிறது.

தரவுகள்தான் செயற்கை நுண்ணறிவுக்கான உணவு. அதனால் தரவுகளைத் திரட்ட எல்லா வகையிலும் இன்று முயற்சி நடக்கிறது. "உன் நண்பன் யார் என்று சொல் நீ யாரென்று சொல்கிறேன்" என்ற பழமொழி இப்பொழுது பொய்யாகி விட்டது. "உனது கைப்பேசியைச் சில நிமிடங்கள் தந்தால் நீ யார் என்று நான் கண்டறிந்துவிடுவேன்" என்று கூறும் நிலை உருவாகிவிட்டது.

கைப்பேசியில் ஏதாவது தரவிறக்கம் செய்யும்போது அல்லது புதிய செயலியை நிறுவும்போது வேண்டுமென்றால் நமக்குத் தெரியாமல், "எனது அனைத்துத் தரவுகளையும் எடுத்துக்கொள்" என்று நாம் ஒப்புக்கொள்கிறோம். அதனால் நம்மைப் பற்றிய தனிப்பட்ட செய்திகள் உள்படக் கைப்பேசியில் பதிவு செய்யப்பட்டுள்ள பல செய்திகள் பொதுத் தளத்திற்கு வந்து விடுகின்றன. அதனால் மனிதர்களின் தனியுரிமை குறைந்துவிட்டது. இப்படி ஒரு தனிப்பட்ட மனிதரின் தரவுகளைத் திரட்டி அதைத் தவறான முறையில் பயன்படுத்திக்கொள்வதற் கான வாய்ப்புகளுக்கும் இடம் இருக்கிறது.

செயற்கை நுண்ணறிவுத் துறையை பாதுகாப்பான முறையில் செயல்படுத்துவது பெரிய சவால். சமூகத்திற்கு நன்மை பயக்கும் வழிகளில் இதைப் பயன்படுத்துவதை உறுதி செய்ய வேண்டும். ஆனால் ஒரு சட்டத்தை உருவாக்கி இந்தச் சட்டம் அனைவருக்கும் பொருந்தும் என்று கூறுவதுபோல் அது எளிதல்ல. உள்ளே என்ன நடக்கிறது என்பது தெரியாமல் சட்டத்தை உருவாக்க இயலாது. இருந்தாலும் செயற்கை நுண்ணறிவைப் பயன்படுத்துவதற்கு இது மிகவும் முக்கியம்.

தரவுகளைத் தவறான கோட்பாடுகளைக் கொண்டு மதிப்பீடு செய்து சிக்கலுக்கு முடிவு காண்பது ஒரு பிரச்சினை. அடுத்த

செயற்கை நுண்ணறிவு துறையின் நன்மை தீமைகள்

பிரச்சினை போதுமான அளவு தரவுகள் கிடைக்காத பொழுது எடுக்கப்படும் முடிவுகள், ஒரு தலைப்பட்சமான தரவுகளை மட்டும் உள்ளீடாகக் கொடுத்து அதனால் எடுக்கப்பட முடிவுகள். இப்படி உள்ளீடு, முடிவு செய்யப் பயன்படுத்தப்படும் கோட்பாடு என எதில் பிரச்சினை வந்தாலும் முடிவுகள் மாறிவிடும்.

செயற்கை நுண்ணறிவால் ஒரு முடிவு எடுக்கப்பட்டு அந்த முடிவு தவறாகும்போது யாரைக் குற்றம் கூறுவது என்பது அடுத்த கேள்வி. செயற்கை நுண்ணறிவுத் தொழில்நுட்பத்தை உருவாக்கிய நபரா என்றால் அது முடியாது. பலர் ஒன்றிணைந்து தான் இந்தத் தொழில்நுட்பத்தை உருவாக்குகிறார்கள். ஒருவர் கோட்பாட்டை உருவாக்கினால் மற்றவர் அது சரியாக வேலை செய்கிறதா என்பதைக் கவனிக்கிறார். சரியான உள்ளீடு கொடுப்பதை மேலும் சிலர் உறுதி செய்கிறார்கள்.

செயற்கை நுண்ணறிவைக்கொண்டு இயங்கும் இயந்திரம் தவறான முடிவுகளை எடுக்கும்போது இவர்களில் யாரைத் தண்டிப்பது? ஒரு மருத்துவர் தனது தனிப்பட்ட பிரச்சினை களின் காரணமாகத் தவறான அறுவை சிகிச்சை செய்துவிட்டால் அவருக்குத் தண்டனை கொடுத்துவிடலாம். ஆனால் செயற்கை நுண்ணறிவைக்கொண்டு அறுவை சிகிச்சைக்குத் துணை செய்யும் இயந்திரம் தவறாகச் செய்யும்போது இயந்திரத்தை தண்டிக்க இயலாது. அதைத் தயாரித்த நிறுவனத்தைத் தண்டிக்க முடியுமா? என்றால் அதுவும் முடியாது. யார் உருவாக்கினார்கள் என்றால் ஆயிரக்கணக்கான மனிதர்களின் உழைப்பு அங்கே இருக்கும். இதை எதிர்காலத்தில் எப்படி எதிர்கொள்வது என்பதற்கான தீர்வு இன்னும் காணப்படவில்லை.

செயற்கை நுண்ணறிவில் வெளிப்படைத்தன்மை அவ்வளவாக இல்லை. இது மிகவும் சிக்கலானதாகவும் புரிந்து கொள்ளக் கடினமானதாகவும் இருக்கிறது. அதனால் யார் என்ன செய்கிறார்கள் சரியான கோட்பாடுகளை அவர்கள் பயன்படுத்தி இருக்கிறார்களா என்பது கேள்விக்குறியாக இருக்கிறது. அப்படியே நீ எப்படிக் கோட்பாடுகளை உருவாக்கினாய் என்று கேள்வி எழுப்பும்போது ஒப்புக்கொள்ளக்கூடிய கோட்பாடுகளைக் கூறிவிடுவது எளிது. அதனால் வெளிப்படைத்தன்மையைக் கொண்டுவருவதற்கு எப்படி வேலை செய்கிறது என்பதைத் திறம்பட எளிதில் புரிந்துகொள்ளும் வகையில் செய்ய வேண்டியது அவசியம். ஆனால் இன்றைய தேதியில் அது சாத்தியமில்லை.

அடுத்த பிரச்சினை பாதுகாப்பு. இந்தத் தொழில் நுட்பத்தைப் பயன்படுத்தி இயந்திரத்தை உருவாக்கியவுடன் அதன் பாதுகாப்பை எப்படி உறுதிசெய்வது? வங்கியில் பணப்பெட்டியை உடைத்துப் பணத்தை எடுத்துக்கொண்டு செல்ல வேண்டிய அவசியம் இல்லை. கணிப்பொறியின் வாயிலாகவே அதன் பாதுகாப்பு முறையில் சிறிய மாற்றத்தை செய்து எல்லாப் பணத்தையும் எளிதாகக் கொள்ளையடித்துவிட முடியும். அதனால் எந்த விதமான பாதுகாப்பு முறைகள்

இதைப் பயன்படுத்துவதற்கு முன்பாகச் செய்ய வேண்டும் என்பது வரையறுக்கப்படவில்லை.

ஒவ்வொரு துறையிலும் இதன் பயன்பாடுகளை விரிவாகப் பார்த்து விட்டோம். இருந்தபோதும் சாதகங்களை இங்கே தொகுத்துக்கொள்வோம்.

செயல்திறனையும் உற்பத்தித் திறனையும் அதிகரிப்பதில் செயற்கை நுண்ணறிவுத் துறை முக்கியப் பங்காற்றுகிறது. வழக்கமாகச் செலவழிக்கும் நேரத்தைவிடக் குறைந்த நேரத்தில் பணிகளை முடுக்கி விட முடியும். அதனால், ஆக்கபூர்வமான வேலைகளில் கவனம் செலுத்த மனிதர்களுக்குப் போதுமான நேரம் கிடைக்கும்.

மருத்துவத் துறையில் செயற்கை நுண்ணறிவு எண்ணிப் பார்க்க முடியாத மாற்றத்தை ஏற்படுத்த வாய்ப்பு இருக்கிறது. சரியான நேரத்தில் நமக்கு ஏற்படும் நோயைக் கண்டறிய முடியாததுதான் பெரும்பாலான உயிரிழப்புகளுக்குக் காரணமாக இருக்கிறது. மின்னியக்கக் கைக்கடிகாரத்தைக் கட்டும்பொழுது இதயத் துடிப்பு, ரத்த அழுத்தம் எனப் பல வகைத் தரவுகளை அது கணித்துக்கொண்டே இருக்கிறது. உடல்நிலை கோளாறு ஏற்பட்டுள்ளது என்பதை ஏதாவது தரவுகள் உறுதிசெய்தால் அந்தக் கடிகாரம் கட்டிக்கொண்டிருப்பவருக்கும் நெருங்கிய உறவினர்களுக்கும் உடனடியாகத் தெரியப்படுத்திச் சரியான நேரத்தில் மருத்துவமனைக்குக் கொண்டுசெல்ல இயலும்.

என்ன பிரச்சினை என்று சரியாகச் சொல்ல முடியாத எண்ணிலடங்கா நோயாளிகள் இருக்கின்றனர். மருத்துவரின் திறமையில்தான் என்ன நோய் என்று கண்டுபிடித்து மருந்து கொடுக்கும் நிலையும் இருக்கிறது. அதற்குப் பதிலாகப் பேசாமல் அமர்ந்திருங்கள். உடலில் நடக்கும் மாற்றங்களை வைத்து இந்த இயந்திரம் உங்களுக்கு என்ன நோய் என்று கண்டுபிடித்து விடும் என்றால் அதிக அளவிலான நோயாளிகளுக்குச் சரியான நோயை கண்டுபிடிக்க முடியும்.

சுற்றுச்சூழல் நிலைத்தன்மையும் இயற்கை வளங்களையும் கண்காணிக்கவும் நிர்வகிக்கவும் செயற்கை நுண்ணறிவை அபரிமிதமாகப் பயன்படுத்த முடியும். காடுகள் அழிக்கப்படு கின்றனவா என்பதை எளிதில் கண்டறிந்துவிடும். காடுகளை வளர்க்க வேண்டும், விவசாய நடைமுறைகளை மேம்படுத்த வேண்டும், கழிவுகளையும் மாசு வாயுக்களையும் குறைக்க என்ன செய்யலாம் என்ற பல பணிகளைச் செயற்கை நுண்ணறிவைப் பயன்படுத்தி மிக எளிதாகவும் சிறப்பாகவும் செய்ய இயலும்.

பெ. சசிக்குமார்

கண்டுபிடிப்பிலும் படைப்பாற்றலிலும் உற்ற நண்பனாகச் செயற்கை நுண்ணறிவு உதவும். ஒரு நிகழ்வு எப்படி நடந்திருக்கும் என்பதைக் கற்பனை செய்வதன் மூலம் எழுத்தாளர் புனைகதை களைப் படைக்கிறார், எழுதுகிறார். மேலும் சில கதை ஆசிரியர்கள் கண்முன்னே நடக்கும் நிகழ்வு இப்படி நடக்காமல் வேறு விதமாக நடந்து இருந்தால் எப்படி என்று ஆலோசித்துக் கதை எழுதுகிறார்கள்.

இதைச் சிலரால்தான் செய்ய முடிகிறது. அதனால்தான் அவர்கள் தலைசிறந்த படைப்பாளிகளாக உருவாகிறார்கள். இந்த வேலையைச் செயற்கை நுண்ணறிவிடம் கேட்டால் ஒரு சூழ்நிலைக்கு என்னென்ன கதைகள் எழுதலாம் என்று உடனே கூறிவிடும். அதைவிட முதலில் கேட்ட கேள்வியை நினைவில் வைத்துக்கொண்டு அடுத்த கேள்விக்குப் பதில் சொல்லும். நீ கூறுவது நன்றாக இல்லை என்றால் உடனே மாற்றிவிடும். நன்றாக இருக்கிறது ஆனால் இங்கே சரியில்லை என்றால் அந்தப் பாகத்தை மட்டும் மாற்றிவிடும்.

எனினும் மானுடக் கற்பனைக்கும் படைப்பாற்றலுக்கும் எல்லையே இல்லை என்பதால் மனிதர்களின் படைப்பாற்றலை இயந்திரத்தால் முழுமையாகப் பதிவீடு செய்ய இயலாது. தற்கணத்தில் நிகழும் அற்புதங்கள் மானுட அறிவுக்கே சாத்திய மானவை.

9

எந்த வேலைக்கு ஆபத்து

யாருக்கு வேலை போகும் என்று எதிர்மறைக் கண்ணோட்டத்தோடு செயற்கை நுண்ணறிவை அணுக வேண்டியதில்லை. அதற்குப் பதிலாக எந்தெந்த துறைகளில் செயற்கை நுண்ணறிவால் மனிதனின் செயலைவிடச் சிறப்பாகச் செய்ய முடியும் என்பதைப் பார்க்க வேண்டும்.

ஏதாவது ஒரு வாக்கியத்தைக் கூகுள் தேடுதளத்தில் கொடுத்தால் எந்தப் பக்கத்தை அதிகமான மக்கள் வாசித்தார்கள் என்ற அடிப்படையில் அந்தப் பக்கம் முதலில் காண்பிக்கப்படும். ஏதாவது பொருள் வாங்க வேண்டும் என்றால் எந்த விளம்பர நிறுவனம் அதிகமாக விளம்பரம் செய்கிறது என்பதைப் பொறுத்து அந்த நிறுவனத்தின் பொருட்கள் காண்பிக்கப்படும்.

ஆனால் செயற்கை நுண்ணறிவு, என்ன வார்த்தை கொடுக்கப்பட்டுள்ளது, அந்த வார்த்தைக்குச் சரியான விடை எங்கே உள்ளது என்பதைச் சிறப்பாகக் கண்டுபிடிக்கும். குளிர்சாதனப் பெட்டி வேண்டும் என்று கேட்டால் குளிர்சாதனப் பெட்டி விற்கும் வலைதளங்களைக் காண்பிப்பதற்குப் பதிலாக, நமது தேவையைத் தெளிவாகப் புரிந்துகொண்டு எந்தக் குளிர்சாதனப் பெட்டி நமது தேவைக்கும் நம்மிடம் இருக்கும் பணத்திற்கும் சரியாக இருக்கும் என்று கூறிவிடும்.

பாதுகாப்பில்லாத சூழ்நிலையில் மனிதர்கள் வேலை செய்யும் இடங்களில் செயற்கை நுண்ணறிவு

பொருத்தப்பட்ட இயந்திர மனிதர்களைப் பயன்படுத்த முடியும். தீயணைப்புத் துறைகளில் வேலைசெய்யும் வீரர்கள் தீயை அணைக்க நெருப்புக்குள் போக வேண்டிய கட்டாயங்கள் இருக்கின்றன. தேவையான பாதுகாப்புக் கவச உடைகள் அணிந்தாலும் பல நேரம் அது அவர்களுடைய உடலுக்கும் உயிருக்கும் தீங்கு விளைவிக்கிறது. அங்கே இயந்திர மனிதர்கள் இறங்கும்போது அந்த அபாயம் தவிர்க்கப்படுகிறது. ஆழ்கடலில் ஆழம் அதிகரிக்க அதிகரிக்க அழுத்தம் அதிகரிக்கும். அது மனித உடல் தாங்க முடியாத நிலைக்குச் செல்லும். ஆழ்கடலில் சென்று ஆராய்ச்சி செய்வதற்கும் வேறு வேலைகளுக்கும் இயந்திர மனிதர்களை அனுப்ப இயலும்.

ஒரு மொழியிலிருந்து மற்றொரு மொழியில் மொழி பெயர்க்க மொழிபெயர்ப்பாளர்கள் இருக்கிறார்கள். புதிதாக ஒரு நாட்டிற்குச் சென்றாலும், தொழில் தொடங்குபவர்கள் வந்தாலும் அரசியல் தலைவர்களாக இருந்தாலும் அந்தந்த இடங்களில் உள்ள மக்களுக்குத் தேவையான மொழியில் அவர்கள் வேலை. பல மொழிகள் தெரிந்த வித்தகர் என்று பெயரும் பெற்றிருந்தார்கள். இனி அந்தத் தேவை இருக்காது. நீங்கள் எந்த மொழியில் பேசினாலும் செயற்கை நுண்ணறிவுத் தொழில்நுட்பம் அதைத் தேவையான மொழியில் மொழிபெயர்த்து உள்ளவருக்குக் கொடுத்துவிடும்.

நீங்கள் உங்கள் தாய் மொழியிலேயே பேசலாம். அருகில் இருப்பவர் அவருடைய தாய் மொழியிலேயே அதைக் கேட்டுக் கொள்ளலாம். வலைதளத்தில் உள்ள ஏதாவது பக்கத்தைப் படிக்க வேண்டும் என்றால் புரியவில்லை என்று கவலைப்பட வேண்டாம். உடனடியாக உங்கள் மொழியில் மொழிமாற்றம் செய்து அந்தப் பக்கத்தைப் படித்துவிட முடியும். இந்த மொழிபெயர்ப்புகள் சில வருடங்களுக்கு முன்பே தொடங்கி விட்டன. இருந்தாலும் நிபுணர்கள் மொழிபெயர்க்கும் அளவுக்குச் சிறந்து வரவில்லை. என்றாலும் இன்னும் சிறிது காலத்தில் வந்துவிடும் என்று எதிர்பார்க்கலாம்.

மருத்துவத் துறையில் மிகப்பெரிய மாற்றம் ஏற்பட வாய்ப்பு இருக்கிறது. இது மருத்துவர்களை நீக்குவதற்குப் பதிலாகக் கேன்சர் போன்ற நோய்களை எளிதில் கண்டறிய உதவும். அதனால் குறைவான மருத்துவர்களைக் கொண்டு நிறைவான சேவையைச் செய்ய முடியும். அதேபோல் அறுவை சிகிச்சை செய்வதிலும் இயந்திர மனிதர்களின் உதவி அபரிமிதமானது. சரியாகத் தையல் இடுவது, நுண்ணிய வேலைகளைக் கனகச்சித மாகச் செய்து முடிப்பது எனப் பல இடங்களில் இதன் பயன்பாடு அதிகரிக்கும். ஆயிரக்கணக்கான நோயாளிகளின் தரவுகளை

ஒரு நிமிடத்தில் அலசி ஆராய்ந்து புதிதாகக் கொண்டுவரப்பட்ட நோயாளிக்கு என்ன பிரச்சினை என்பதைக் கண்டறிவதில் மருத்துவர்கள் பின்னுக்குத் தள்ளப்படுவார்கள்.

செயற்கை நுண்ணறிவு நீதித்துறையில் மிகப்பெரிய மாற்றத்தைக் கொண்டுவரும். பல வழக்கறிஞர்கள் செய்ய வேண்டிய வேலையைச் சில நொடிப் பொழுதில் செய்து முடிக்கும். கோடிக்கணக்கான வழக்குகள் இந்தியா போன்ற நாடுகளில் தேங்கிக் கிடக்கின்றன. இதில் மிக எளிதில் தீர்ப்பு வழங்கக்கூடிய வழக்குகள் நிறைய இருக்கும். ஆனால் போதுமான தரவுகள் இல்லாததும், வழக்காடு மன்றத்தில் கொடுக்கப்பட்டுள்ள தரவுகள் சரியாக இருக்கின்றனவா என்ற ஐயமும் அதைச் சரிபார்ப்பதில் உள்ளன பிரச்சினைகளும்தான் பல நாட்கள் இந்த வழக்குகள் இழுத்தடிக்கக் காரணமாகின்றன.

ஒரு வழக்கு விசாரணைக்கு வரும்போது அதைப் பற்றிய அனைத்துத் தரவுகளும் கணிப்பொறியில் இருக்கும். மிக எளிதாக அனைத்தையும் ஒப்பிட்டு அதற்கு முன்பு இதுபோன்ற வழக்கில் என்ன தீர்ப்புக் கொடுக்கப்பட்டது. இந்த விதமான பிரச்சினைக்குச் சட்டம் என்ன சொல்கிறது என்பதை மிகத் துல்லியமாகச் செயற்கைநுண்ணறிவு தொழில்நுட்பம் கண்டறிந்து கூறிவிடும்.

விளம்பரத் துறையில் வேலை செய்பவர்களுக்கு நிறைய சவால் இருக்கும். இந்தப் பொருள் நல்ல பொருள் என்று அவர்கள் கூவிக்கூவி விற்க முடியாது. அது ஏன் நல்ல பொருள் இல்லை என்பதை அலசி ஆராய்ந்து வாடிக்கையாளர் திரும்ப அவரிடமே கூறிவிடுவார்கள். கடையில் சென்று பொருளை வாங்குவதைவிட மெய்நிகர் வியாபாரம் முன்னேறியுள்ளது. ஆனால் இங்கு கடையில் ஒருவர் விளக்குவதுபோல் விளக்குவதற்கு ஆள் இல்லை. அந்த வேலையையும் இந்தத் தொழில்நுட்பம் எளிதில் கையில் எடுத்துக்கொள்ளும். அதனால் கடைக்குச் செல்வதைவிட வீட்டில் இருந்துகொண்டே நமது மொழியில் பேசி வியாபாரத்தை நடத்தி விடுவார்கள்.

ஆசிரியர்கள் தங்கள் திறனைப் புதுப்பித்துக்கொள்ள வேண்டிய கட்டாயம் இருக்கும். ஒரு வகுப்பில் 50 மாணவர்கள் இருக்கும் போது அனைவருக்கும் ஒரே மாதிரி வகுப்பு எடுக்க வேண்டிய அவசியம் இருக்காது. ஒவ்வொரு மாணவனின் திறனை உணர்ந்து அதற்கு ஏற்றாற்போல் சொல்லிக் கொடுப்பது மாறுபடும். மேலும் பாடத்திட்டங்களை வடிவமைப்பதில் முன்னேற்றம் ஏற்படும். எந்தவித மாணவர்களுக்காக உருவாக்குகி றோம் எந்த வேலையைச் செய்வதற்கான சமுதாயத்தை

உருவாக்கப் போகிறோம் எனப் பல காரணிகளை வைத்து அவர்களுக்குத் தேவையான பாடத்திட்டங்களை உருவாக்க முடியும்.

ஒரு முறைக்குப் பலமுறை திரும்பக் கூறுவதில் ஆசிரியர்கள் பெற்றோர்களைவிடச் சிறப்புப் பெறுகிறார்கள். ஆனால் பல முறைக்குப் பல்லாயிரம் தடவை திரும்பத் திரும்பக் கோபப்படாமல் சொல்லிக் கொடுக்கும் திறனைப் பெற்றுள்ள செயற்கை நுண்ணறிவுத் துறை ஆசிரியரைவிடப் பல மடங்கு உற்ற தோழனாக மாணவருக்கு மாறிவிடும்.

நமது அன்றாட வாழ்க்கையில் பல துறைகள் மாறுவதற்கு வாய்ப்பு இருக்கிறது. எட்டாவது மாடியில் அமர்ந்துகொண்டு, எனது விவாதம் முடிவடைந்துவிட்டது; நான் வருவதற்குள் கீழே வந்துவிடு கிளம்பலாம் என்று கூறினால், ஏதோ ஒரு இடத்தில் நின்றுகொண்டிருக்கும் கார் தானியங்கியாக இயங்கி, பேசியவர் ஏற வேண்டிய இடத்திற்கு வந்து காத்திருக்கும். அனைவரும் காரில் ஏறிச் செல்ல வேண்டிய இடத்திற்குச் சென்றுவிடலாம் ஓட்டுநர் யாரும் தேவைப்படுவதில்லை.

தேவையில்லாத வாகனப் போக்குவரத்தைக் குறைக்க இது உதவி செய்யும். இன்றைய தேதியில் 800 கோடி மக்களுக்கு 150 கோடிக் கார்கள் உலகம் முழுவதும் இருக்கின்றன. ஆனால் இதில் பல கார்கள் காலையில் வீட்டிலிருந்து கிளம்பி அலுவலகம் சென்றவுடன் மாலைவரை காத்திருக்கின்றன. பின்பு மாலையில் கிளம்பி வீட்டிற்கு வருகின்றன. பல கார்கள் மாதத்தில் சில நாட்கள் மட்டுமே ஓடுகின்றன.

24 மணிநேரத்தில் ஒரு மணிநேரத்திற்குக் குறைவாக இயக்கப்படும் வாகனங்கள் நிறைய இருக்கின்றன. இந்த வாகனங்களின் இயக்கத்தையும் செயற்கை நுண்ணறிவை வைத்துக் கட்டுப்படுத்தும்போது நீங்கள் உங்கள் வீட்டிலிருந்து கிளம்பும் நேரத்தைக் குறிப்பிட்டால் அருகில் உள்ள வாகனம் உங்களுக்குப் போக்குவரத்துச் சேவையை வழங்கும். அதன் பின்னர் பகல் முழுவதும் இதுபோல வேறு யாருக்கெல்லாம் தேவை இருக்கிறதோ அவர்களுக்கெல்லாம் அதே வாகனம் பயன்படும்.

ஓட்டுநர் தேவை இல்லை என்பதால் 24 மணி நேரமும் இதன் சேவை இருக்கும். எப்பொழுது வாகனத்தைப் பழுது பார்க்க வேண்டும் என்பதை முடிவுசெய்து அதுவே சென்றுவிடும். இப்படிச் செய்யும் பொழுது 150 கோடி வாகனங்கள் தேவையில்லை. இதில் 10 விழுக்காடு வாகனங்கள்

இருந்தாலே போக்குவரத்துத் தேவையைப் பூர்த்தி செய்யக்கூடிய சாத்தியக்கூறுகள் இருக்கின்றன.

தேவையில்லாத விளம்பரங்கள் மூலமும் பொய்யான மின்னஞ்சல்கள் மூலமும் வாடிக்கையாளர்களின் நேரத்தை வீணடிப்பதும் பணத்தைத் திருடுவதும் அதிகமாக நடைபெறு கின்றன. இவை எதுவும் நடைபெறாமல் வாடிக்கையாளரை அது சென்றடையாமல் செய்துவிட முடியும். அதனால் ஏமாற்றுக்காரர்களுக்கு வேலையே இல்லாமல் செய்துவிடலாம்.

முகத்தை அடையாளம் காண்பது எளிதாகிவிடும். திருடர்கள், சமுதாயப் பாதுகாப்பிற்கு அச்சுறுத்தலாக இருப்பவர்கள் அவ்வளவு எளிதாகச் சாலையில் நடந்து சென்றுவிட முடியாது. அதனால் காவல் துறைக்கு உதவியாகவும் திருட்டுத் தொழிலுக்குப் பாதகமாகவும் அமையும்.

போக்குவரத்து விதிமுறைகளை மீறுபவர்களை எண்ணற்ற கேமராக்களைப் பொருத்திக் கண்டறிய முடியும். கேமராக்களிலிருந்து கிடைக்கும் தரவுகளைத் தானியங்கியாக அலசி ஆராய்ந்து சாலை விதிகளைக் கடைபிடிக்காதவர்களுக்கு மிக எளிதில் அபராதம் விதிக்கப்படும். அதனால் அபராதத்திற்குப் பயந்து விதிகளைக் கடைபிடிக்கும் மனிதர்கள் அதிகரித்து விபத்துக்கள் குறையும்.

ஒரு இடத்திலிருந்து மற்றொரு இடத்திற்குச் செல்லும்போது யாரிடமும் விலாசம் கேட்டுச் செல்லாமல் இப்பொழுது செல்கிறோம். அதேபோல நமக்குத் தேவையான பிரயாண ஏற்பாடுகளை எளிதில் செய்ய முடியும். சுற்றுப்பயணத்தை ஏற்பாடு செய்யும் நிறுவனங்களின் தேவை வெகுவாகக் குறையும்.

விவசாய வேலைகளுக்கு ஆட்களைக் குறைக்க முடியும். ஏன் களை வளர்கிறது, எங்கே வளர்கிறது, அதை எப்படிக் கட்டுப்படுத்த முடியும் என்பதைப் பற்றியும் இந்தத் தொழில்நுட்பம் எளிதில் கண்டறியும். பெரிய அளவில் விவசாயம் செய்து, அறுவடை செய்வது எளிதாக இருக்கும். எங்கே விதை விதைக்க வேண்டும், எங்கே தண்ணீர் விழ வேண்டும் போன்றவற்றை மிக எளிதாகக் கட்டுப்படுத்த முடியும். அதனால் விவசாயமும் பெருகும் குறைந்த தண்ணீரில் விவசாயம் செய்ய இயலும்.

சமூக வலைதளங்களில் ஆபாசமான செய்திகளைப் பரப்புபவர்களைக் கண்டறிவது எளிதாகும். இந்த வார்த்தையை

உடைய செய்தியைப் பரப்பக்கூடியவர்கள் யார் என்று எளிதில் கண்டறிந்து, அவை தீப்போல் பரவாமல் இருக்க இவை உதவி செய்யும்.

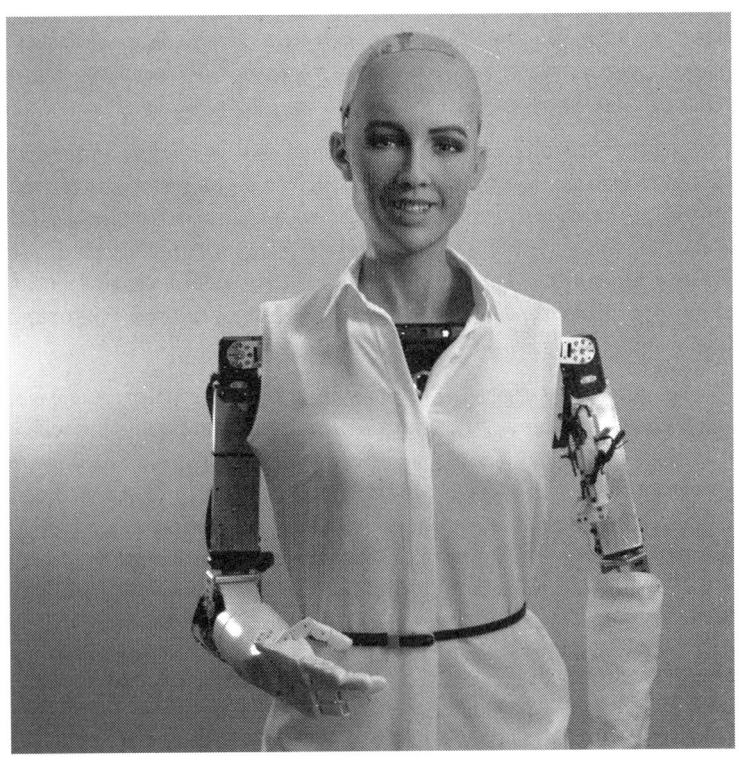

2017ஆம் ஆண்டு பயன்பாட்டிற்கு வந்த செயற்கை நுண்ணறிவைக்கொண்ட சோபியா என்ற பெண் இயந்திரம்.

வாடிக்கையாளர்கள் சேவை மையத்தில் பணிபுரிபவர்களுக்கு வேலை இருக்காது. அவர்கள் கூறுவதை விடப் பல மடங்கு தெளிவாக எளிமையாக எல்லாத் தகவல்களையும் செயற்கை நுண்ணறிவால் இயங்கும் இயந்திரங்களால் கூற முடியும் என்பதால் இந்தத் துறை சிறந்து விளங்கும். வரவேற்பாளர் வேலைக்குச் சிறந்த ஒரு இயந்திரப் பெண்மணியை 2017ஆம் ஆண்டு ஹாங்காங்கை சேர்ந்த நிறுவனம் உருவாக்கியது. சோபியா என்று அதற்குப் பெயர். இது செயற்கை நுண்ணறிவு தொழில்நுட்பத்தின் மூலம் தகவல்களைச் சேகரித்துப் பதில் கூறும் வகையில் உருவாக்கப்பட்டது.

அதைவிட ஆச்சரியம் இந்தப் பெண் இயந்திரத்திற்குச் சவுதி அரேபியா அரசு குடியுரிமை வழங்கியது. கேட்கும் கேள்விகளை நமது மொழியிலேயே உள்வாங்கி அதற்குச் சரியான பதிலை கொடுக்கும் வகையில் இந்த இயந்திரம் இருக்கிறது. எதிர்பாராத கேள்விகள் கேட்டாலும் அதைக் கையாளும் வகையிலும் உள்ளது. நகைச்சுவை துணுக்குகளைக் கூறி தன்னைச் சுற்றி இருப்பவர்களைச் சிரிப்பிலும் ஆழ்த்தியது சோபியா.

விண்வெளியை ஆராய்வதற்கு நட்சத்திரங்களையும் ஒளிரும் பொருட்களையும் பற்றிய ஆயிரக்கணக்கான தரவுகளை அலசி ஆராய்வது மிக மிக முக்கியம். அந்த வேலையில் மனிதர்கள் செய்வதைவிடச் சிறந்த முறையில் இயந்திர மனிதர்களால் செய்ய முடியும். நேரடியாக விண்வெளித் தொலைநோக்கியிலிருந்தும் தொலைநோக்கிகளிலிருந்தும் தரவுகளை ஆராயும் வேலைகளுக்கு இவை சிறந்ததாக இருக்கும்.

உயிரி தொழில்நுட்பம் புதிய உயிரினங்களைப் பற்றிய ஆராய்ச்சித் தரவுகளை அடிப்படையாகக்கொண்டது. உலகில் உள்ள எண்ணற்ற நுண்ணுயிரிகளில் ஒரு விழுக்காட்டுக்கும் குறைவானவை பற்றிய தரவுகள் தான் நம்மிடம் இருக்கின்றது. அதுவும் புதிதாக ஒரு நுண்ணுயிரி வரும்பொழுது அது கண்டுபிடிக்கப்பட்டுள்ளதா இல்லையா என்பதை எளிதில் கண்டறிவதில் சிக்கல் இருக்கும். இந்தத் துறை முழுவதும் செயற்கை நுண்ணறிவின் ஆதிக்கம் வியாபித்து இருக்கும்.

தேவைக்கு ஏற்ப மென்பொருட்களை உருவாக்குபவர்கள், வலைதளங்களை வடிவமைப்பவர்கள், கணிப்பொறியில் புரோகிராம் எழுதுபவர்கள், தரவுகளை அலசி ஆராய்பவர்கள் இவர்கள் அனைவரின் வேலையையும் செயற்கை நுண்ணறிவுத் தொழில்நுட்பம் எளிதில் கையகப்படுத்திக்கொள்ளும்.

பொருட்கள் வீட்டிலிருந்தே வாங்கிக்கொள்வதால் வாங்கிய பொருட்களைக் கடையிலிருந்து வீட்டிற்குக் கொண்டுவந்து சேர்க்க வேண்டிய தேவை நாளுக்கு நாள் அதிகரித்து வருகிறது. அதற்காக எப்பொழுதும் பொருட்களைக் கொண்டுசெல்ல மனிதர்கள் இங்கும் அங்கும் வருவதை நாம் பார்க்கிறோம். இதையே கணிப்பொறி இயந்திரத்தைக்கொண்டு பறக்கும் ட்ரோன்கள் மூலம் வீட்டிற்குக்கொண்டுவந்து சேர்க்கும் துறை செயற்கை நுண்ணறிவால் அதீத அளவு முன்னேற்றம் அடையும்.

இதற்கான பாதுகாப்பு வழிமுறைகள் ஒழுங்குபடுத்தப்பட்டவுடன் சில கிலோமீட்டர் தூரத்தில் உள்ள வீடுகளுக்கு இந்தப் பறக்கும் இயந்திரப் பறவைகள் தான் பொருட்களைக்

கொடுக்கும். துல்லியமாக உங்கள் வீட்டின் பால்கனியில் சாப்பிடும் உணவு பொருள் முதல் நீங்கள் வாங்கும் அனைத்து பொருட்களும் வந்து சேரும்.

தோராயமான ஒரு கணக்கின்படி அடுத்த 10 ஆண்டுகளில் இன்று இருக்கும் வேலைகளில் 15 விழுக்காடு வேலைகளைச் செயற்கை நுண்ணறிவு தொழில்நுட்பம் கையில் எடுத்துக் கொள்ளும். 10 கோடிக்கும் அதிகமான மக்கள் செய்யும் வேலை களைச் செயற்கைநுண்ணறிவுத் தொழில்நுட்பம் தன்வசப்படுத்த வாய்ப்பிருக்கிறது. அதே நேரத்தில் இந்தத் தொழில்நுட்பத்தைக் கொண்டுவரப் புதிய வேலை வாய்ப்புகளும் உருவாகும்.

கார் முதலான வாகனங்கள் பயன்பாட்டிற்கு வந்தபோது அதுவரை குதிரை வண்டி முதலானவற்றை ஓட்டிவந்தவர்கள் தங்கள் நிலை குறித்து அஞ்சினார்கள். கொஞ்சம் கொஞ்சமாகக் குதிரை வண்டி ஓட்டுநர்களுக்கும் குதிரைக்கும் வேலை இல்லாமல் போனது. ஆனால் அனைவருக்கும் வேலை இல்லை என்று கூற இயலாது. கார் ஓட்டுநர் என்ற புதிய வேலை வந்தது.

கார் விற்பவர்கள் வந்தார்கள். கார் தயாரிப்பவர்களுக்கு வேலை வந்தது. கார் பழுதடைந்தால் பழுது நீக்குவோர் வந்தனர். இப்படி ஒரு தொழில்நுட்பத்தால் வேலை இல்லாமல் போகும் பொழுது அடுத்த வேலைக்கான தேவை உருவாகிறது. அதே போல் செயற்கை நுண்ணறிவால் இவ்வளவு வேலைகளின் தேவை இல்லை என்றாலும் அடுத்தத் தலைமுறை, புதியவான வற்றைப் படித்து அந்தத் துறையில் உருவாகும் வேலை வாய்ப்பு களைப் பயன்படுத்த முடியும்.

அடுத்தச் சில ஆண்டுகளில் தனது வேலையை மாற்ற வேண்டிய துறைகள் என மேலே கூறியவற்றை இப்படித் தொகுத்துக் கூறலாம். வாடிக்கையாளர்கள் சேவை மையங்கள், உதவியாளர்கள், வரவேற்பாளர்கள், கணக்காளர்கள், கணக்குப் புத்தகத்தை வைத்திருப்போர், சில்லரை சேவை மையங்கள், சில்லரை வர்த்தகத்தில் ஈடுபட்டுள்ள நிறுவனங்கள், பிழை திருத்துநர்கள், மொழிபெயர்ப்பாளர்கள், பாதுகாப்பு, ராணுவப் பணியாளர்கள், அறுவை சிகிச்சையின்போது மருத்துவருக்குத் துணையாக இருப்பவர்கள், பொருட்களை வீடுகளுக்குக் கொண்டு செல்லும் நிறுவனங்கள்.

இந்த அட்டவணை நீண்டுகொண்டே செல்லும். என்னதான் புதிய தொழில்நுட்பம் வந்தாலும் அதற்கு ஈடாக நமது அறிவு முன்னோக்கிச் சென்றால் அல்லது செய்யும் வேலையைச் சூழலுக்கு ஏற்ப மாற்றிக் கொண்டால் பிரச்சினை ஏதும் இருக்காது என்று மன அமைதி அடைவோம்.

10

எதிர்கால முன்னேற்றங்கள்

இன்று தரவுகள்தான் செயற்கைநுண்ணறிவுக்கு முக்கிய உள்ளீடு. அந்தத் தரவுகளைப் பல இடங்களிலிருந்து பெற்று அலசி ஆராய்வதற்கு மிகப்பெரிய கணிப்பொறிச் சேவையகங்கள் தேவைப்படுகின்றன. அப்படி அனுப்புவதால் தரவுகள் கசிவதற்கும் வாய்ப்பு இருக்கிறது. இதற்குப் பதிலாக அந்தந்த மின்னணுச் சாதனங்களிலேயே செயற்கை நுண்ணறிவைச் செய்யக்கூடிய செயலாக்கங்கள் இருக்கும்பொழுது, தரவுகள் வெளியே எங்கும் செல்லாமல் முடிவுகளை எடுக்கச் செய்யலாம். உங்கள் கைப்பேசியிலிருந்து தரவுகளை வெளியில் கொடுக்காமல் இந்தச் செயலாக்கங்களைக்கொண்டு உங்கள் கைப்பேசி அல்லது கணிப்பொறியிலேயே முடிவுகளைப் பெற முடியும்.

எல்லாத் தரவுகளையும் ஒரு இடத்தில் கொண்டு சென்று இயந்திரக் கற்றலை செய்வதற்குப் பதிலாக, அந்தந்த இயந்திரத்தில் தரவுகளை வைத்துக் கற்றுக்கொள்வது. இப்படிக் கற்றுக்கொண்ட செய்திகளை மட்டும் ஒன்று திரட்டி அதைப் பயன்படுத்தி முடிவுகளை எடுத்தல்.

தற்பொழுது தரவுகளை அதிகமாகப் பயன்படுத்தித் தரவுகளிலிருந்து அதுபோன்ற தரவுகள் இருந்தால் எப்படிச் சிக்கலுக்குத் தீர்வு காணலாம் என்ற விதத்தில்தான் செயற்கை நுண்ணறிவு

அதிகம் பயன்படுகிறது. இதன் அடுத்த கட்டமாகச் சிக்கலான தொழில்நுட்பங்களின் அடிப்படையில் படைப்பாற்றலை உருவாக்குதல். உதாரணத்திற்குத் திரைப்படப் பாடல் என்றால் இப்படி இருக்கும் என்று சொல்லிக் கொடுத்தல். ஒவ்வொரு பாடலையும் ரசிக்கும்போது அரங்கில் உள்ள ஒவ்வொருவருடைய உணர்ச்சியை உள்வாங்குதல். எந்தப் பாடலுக்கு எப்படி மாறுகிறார்கள் என்பதைக் கணக்கில் கொண்டு புதிதாக ஒரு பாடலை உருவாக்குமாறு பணித்தல். மனதை உருக்கக் கூடிய ஒரு சோகப் பாட்டு வேண்டும் என்றால், எந்தெந்தப் பாடலுக்குப் பலரும் கண் கலங்கினார்கள். அதற்குப் பாடப்பட்டப் பாடல்களில் உள்ள ஒற்றுமை என்ன என அனைத்தையும் ஆராய்ந்து, அந்தத் தன்மையை ஒத்த புதிய பாடலை அதுவாகவே உருவாக்குவது. எதிர்காலத்தில் இது சாத்தியம் என்று நம்பப்படுகிறது.

செயற்கை நுண்ணறிவு எப்படி வேலை செய்கிறது, எப்படி இந்த முடிவை நீ எடுத்தாய் என்று கேட்டால் அதை அவ்வளவு தெளிவாக விளக்கவும் முடியாது; புரிந்துகொள்ளவும் முடியாது. ஏனென்றால் அந்த வேலையைச் செய்வதற்கு என்னென்ன உள்ளீடுகள் கொடுக்கப்பட்டன. அதன் கட்டமைப்பு என்ன என்பது விளக்குவது அவ்வளவு எளிதான செயல் அல்ல. நீ ஏன் இப்படிச் செய்தாய் என்று நம்மைக் கேட்டால் அதற்கான காரணத்தை எளிதாக நாம் கூறிவிடுவோம்.

மனிதர்கள் தாங்கள் செய்யும் ஒவ்வொரு செயலுக்கும் ஒரு விளக்கம் கற்பிப்பார்கள். ஆனால் செயற்கை நுண்ணறிவால் எடுக்கப்பட்ட முடிவை, ஏன் இப்படி எடுத்தாய் என்று கேட்டால் அவ்வளவு எளிதாகப் பதில் கூறிவிடாது. அப்படிக் கூறினாலும் நமக்குப் புரிந்துவிடாது. எதிர்காலத்தில் ஏன் எடுத்தாய் என்று கேள்வி கேட்டால் நமக்குப் புரியும் வகையில் விளக்குமாறு இந்தத் தொழில்நுட்பத்தை மாற்ற வேண்டும். இது ஒரு சவாலான செயலாக இருக்கும்.

செயற்கை நுண்ணறிவு மனிதனின் வேலைக்கு வேட்டு வைத்துவிடும் என்ற நிலை மாறி மனிதனை மையமாகக் கொண்டதாகச் செயற்கை நுண்ணறிவு உருப்பெறுவது முக்கியம். அனைவரும் ஒன்றுபோல் இருப்பதில்லை. கிடைக்கும் வாய்ப்புகளும் சூழ்நிலையும்தான் ஒவ்வொருவருடைய முன்னேற்றத்திலும் முக்கியப் பங்கு வைக்கிறது. அப்படி மனிதத் திறன்களை அறிந்து அந்தத் திறன்களைச் சிறுவயதி லிருந்தே முன்னேற்றுவதற்குச் செயற்கை நுண்ணறிவைப் பயன்படுத்த வேண்டும்.

மனிதர்களின் செயல் திறனை முன்னேற்றுவதில் செயற்கை நுண்ணறிவுத் துறைக்கு முக்கியப் பங்கு இருக்கும்.

அதேபோல் ஒவ்வொரு துறையிலும் வேலைசெய்பவருக்கு எந்தவிதமான செயலில் அவர் பின்தங்குகிறார் என்பதை அவருடன்கூட இருந்து அலசி ஆராய்ந்து எந்த மேலதிகாரியும் கூற மாட்டார். ஆனால் அந்த வேலையைச் செவ்வனே செய்யச் செயற்கை நுண்ணறிவை பயன்படுத்தலாம். இதனால் ஒவ்வொரு மனிதரின் செயல் திறனையும் முன்னேற்றம் அடையச் செய்ய முடியும்.

11

என்ன படிக்க வேண்டும்

வரும் காலங்களில் பத்தில் மூன்று வேலை வாய்ப்புகள் செயற்கை நுண்ணறிவுத் துறையில்தான் இருக்கும். இந்தத் துறையில் சாதிக்க என்னென்ன படிக்க வேண்டும் என்பது அனைவருக்கும் உள்ள சந்தேகம்.

இளங்கலை படிப்பில் தகவல் தொழில்நுட்பம் (Information Technology), கணினி அறிவியல் (Computer Science), புள்ளியியல் (Statistics) அல்லது தரவு அறிவியல் (Data Science) ஆகியவற்றைப் படிப்பது பயன் தரும்.

தரவுகளைக் கையாளுவதற்கும் கோட்பாடு களை உருவாக்குவதற்கும் கணிப்பொறிக்குத் தெரிந்த மொழியில் (Programming Language) எழுத வேண்டியது அவசியம். அதை எழுதுவதற்குப் பைத்தான், ஜாவா ஜாவாஸ்கிரிப்ட் போன்ற மொழிகள் அவசியம்.

தரவுகளைக் கணிதக் கோட்பாட்டின் அடிப்படையில் வகைப்படுத்துவது முடிவெடுப்பதும் செயற்கை நுண்ணறிவில் நடைபெறுகிறது. எனவே கணிதம் முக்கியப் பங்கு வகிக்கிறது. தெளிவற்ற தரவுகளைக் கையாண்டு அதிலிருந்து முடிவுகளை வகைப்படுத்தக் கணிதத்தின் புள்ளியல், நிகழ்த்தகவு ஆகிய பிரிவுகள் மிக முக்கியமானவை.

செயற்கை நுண்ணறிவு என்ற படிப்பும் இப்பொழுது பல கல்லூரிகளில் துவங்கப்பட்டுள்ளது. இதில் இயந்திரக் கற்றல், ஆழ்ந்து கற்றல், கணிப்பொறியின் மொழிகளைக் கையாளுதல் ஆகியவை அடங்கும்.

தேவையான இளங்கலைப் படிப்புகளுடன் இந்தத் துறைக்குச் சம்பந்தமான துறைகளில் முதுகலைப் பட்டமும் மற்ற திறன்களின் தேர்ச்சி பெற்றிருப்பதும் செயற்கை நுண்ணறிவுத் துறையில் வேலை செய்வதற்கு முக்கியமாகும். வரும் காலங்களில் நீங்கள் என்ன துறையில் வேலைசெய்தாலும் உங்கள் துறையில் செயற்கை நுண்ணறிவின் உதவியை நாட வேண்டியிருக்கும். முடிவெடுப்பதற்குக் கோட்பாடுகளை எழுத உங்கள் துறையைச் சார்ந்த நுண்ணறிவு தேவைப்படும். அதைக் கணித, கணிப்பொறி அறிஞர்களுடன் சேர்ந்து உருவாக்கும் குழுவில் துறை சார்ந்த தொழில்நுட்ப அறிவு இருப்பவரின் தேவையும் இருக்கும்.

பெ. சசிக்குமார்